最短突破
THE EASIEST WAY TO PASS

Microsoft
Azure
Fundamentals
[AZ-900] 合格教本

神谷 正／国井 傑 著

技術評論社

はじめに

　AZ-900 は、マイクロソフトが提供するクラウド系資格のベースとなる試験です。Microsoft Azure の基礎はもちろん、一般的なクラウドの知識を習得できる IT 系の基礎資格といえます。また、幅広いクラウドの知識を証明できます。

　Microsoft Azure は、世界最大規模のクラウドであるため、小規模な環境から非常に大規模な環境まで、幅広くサポートできます。コスト面に関しても規模の大きいクラウドであるため、安価にさまざまなシーンに合わせた IT システムが構築可能です。特に、先端技術などの取入れが早く、企業のビジネスニーズに即応できる点は、大きなメリットとなります。

　本書を活かして資格を取得することで、基礎的なクラウドの知識の証明が可能となり、ベンダーに依存しないクラウドの知識の証明ができます。さらに、Microsoft Azure が提供できるサービスやソリューションの概要を理解していることの証明となります。つまり、Microsoft Azure を利用したシステム提案やソリューション提案の際に必要となる、「基礎的な知識を保有している」ことの証となります。

　また、資格対策を中心として機能やポイントを紹介していますが、それに加えて、実際のクラウド利用時のメリットと注意点も併せて紹介をするように努めましたので、少しでも本書が皆様のお仕事に役立てばと願ってやみません。

　現在、IT システムを取り巻く環境は、クラウドがさまざまな面で活用されています。そのクラウドを知る上での第一歩として、この書籍が役立つことに期待しています。

　本書の執筆にあたって、いろいろなご協力やご助言をいただきました共著者の国井傑様に感謝をしております。さらに、遅筆な私の作業に最後までお付き合いいただきました、技術評論社の遠藤利幸様にお礼を申し上げます。

2021 年 10 月　神谷　正

目次

第3章　コアAzureサービス　　　73

第6章 ID、ガバナンス、プライバシー、コンプライアンスの機能 191

本書の構成

本書の特徴は、比較的短時間で一項目を学べることと、豊富な問題数です。

1章分テキストを読み切った後に、問題をまとめて行う参考書が大多数ですが、本書は節単位（2-1、2-2…など）で問題を入れ、わかりやすく解説しています。1章分テキストを読み切らないでも、少しずつ、無理なく、学習と問題演習を繰り返すことができるので、短時間でも学習することができます。

各節の演習問題と巻末の模擬問題には、さまざまな形式の問題が多数掲載されています。

本書は、7章に分けた本文と模擬試験で構成されています。各章の各節はテキストと演習問題で構成されています。

1 テキスト

本書は、マイクロソフト社が公表している Azure Fundamentals（AZ-900）の試験範囲をもとに構成しています。「Azure について学習するのははじめて」という方にも理解できるように、やさしく、わかりやすく各項目を解説しています。

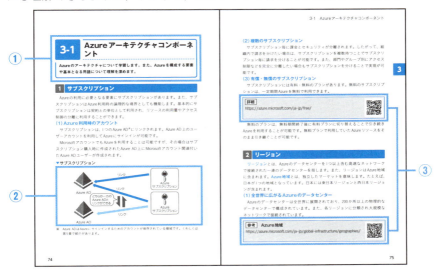

①節のテーマ：節のテーマとこの節で何を学習するかを示しています。

②図表：本書では、構成例や設定例などをわかりやすく、図や表にしています。

③URLとQRコード：さらに深い内容を知りたい方向けに、参考URL（詳細URL）と、スマートフォンなどで使えるQRコードを書籍に載せました。学習の補助としてご活用ください。

2 演習問題

本書には、各節毎に関連する演習問題を挟み込んでいます。テキストを読んだあとにすぐに問題が解けるので、短時間で着実に学習できます。

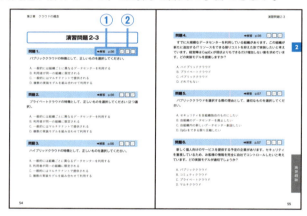

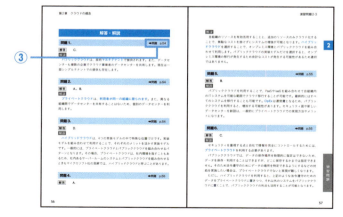

①解答のページ：解答の掲載ページを表しています。
②チェック欄：問題を解いたか、あるいは正解だったかなど、チェックを入れる
　チェック欄です。必要に応じてお使いください。
③問題のページ：問題の掲載ページを表しています。

3 模擬問題

　模擬問題を巻末に掲載しました。最後の総仕上げに解いてみましょう。
　模擬問題は2章から7章に関する問題をランダムに並べてあり、試験に近い形になっています。
　解説には、参照する節を記してありますので、わからない場合やあやふやな場合は、テキストの該当する節に戻って復習をしましょう。
　また、**模擬問題には、テキストでは触れていない問題も入っています**。この場合は、問題を解いて、覚え、知識の補完し、理解を深めてください。

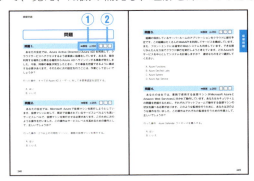

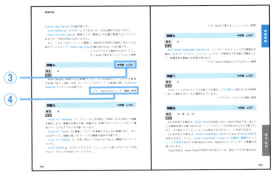

①解答のページ：解答の掲載ページを表しています。

②チェック欄：問題を解いたか、あるいは正解だったかなど、チェックを入れる
　チェック欄です。必要に応じてお使いください。

③問題のページ：問題の掲載ページを表しています。

④参照する節：この問題に対する説明がどの節に対応するかを記載しています。
　もう一度復習するときに、参考にしてください。

4　本書の使い方

　まず、第1章から第7章の本文を読んでいきましょう。何度か読み終えたのち
に、模擬問題を解きましょう。

(1) 一通り読んでみる

　第1章は、Azure Fundamentals 試験の概要、試験範囲、受験の仕方などについ
て触れています。必ず読みましょう。

　第2章から第7章は、Azure Fundamentals 試験の具体的な学習内容です。

　はじめて読むときは、各節（2-1、2-2…など）をはじめから終りまで読み、演
習問題を解いてみましょう。しっかり理解しながら、演習問題で理解したかどう
かを確認していきます。

(2) 読み終えたら

　第1章から第7章を一通り読み終えた、あるいは何回か読み終えたら、総仕上
げとして模擬問題を解いてみましょう。模擬問題は、ジャンルを問わず問題が
入っています。模擬問題を解いて、試験の雰囲気に慣れてください。また、模擬
問題を解いて、間違ったところやわからなかったところは、必ずテキストに戻っ
て復習してください。

(3) 問題集のように使ってみる

　すべて読み終えたら、問題集のように使ってみましょう。

　第2章から第7章の各節の演習問題、そして模擬問題を何回か解いてみましょ
う。解説を読み、さらにもう一度解けなかった箇所や学習項目をテキストで読み
直して、復習しましょう。

　問題を解いて、テキストを読み直す。この繰り返しで知識が定着していきま
す。

第1章

Azure Fundamentals 試験とは

1-1 AZ-900試験

この節では、AZ-900の資格試験について学習します。マイクロソフト社の資格試験の中でAZ-900の位置付けと取得のメリット、取得方法のポイントを解説します。

1 Microsoft認定資格について

　Microsoft認定資格(Microsoft Certifications)は、クラウドをはじめとするさまざまなITスキル習得を証明する世界的に認められた資格です。また、マイクロソフト社の各技術に精通していることを表し、専門的な優位性を証明できます。

　さらに、資格を取得することでマイクロソフトから特典と試験ダッシュボードへのアクセスが可能となります。具体的には以下の特典を得ることができます。

・ダウンロード可能なバージョンの認定(印刷された認定を注文できます)。MOSメンバーは、Certiportのログイン情報が必要です。

・公式のMicrosoft認定資格のダウンロード可能なトランスクリプト、トランスクリプト共有ツールへのアクセス

・認定ロゴを作成およびダウンロードするためのツール

・連絡先の設定およびプロファイル

・Certification Planner

・MCP Flashニュースレターへのサインアップ

・セールの情報、割引、およびその他のサービス

　以下、試験のホームページより抜粋しつつ説明していきます。参考にしたページのURLは、この章の最後にまとめてありますので、参考にしてください。

2 Microsoft Azureの認定資格の体系

1

Azure系資格は、Fundamentals認定資格という初学者向けの認定資格が用意されています。また、さまざまなロールベース認定資格も存在しており、取得を考える技術者が思い描くスキルパスに沿って学習できるように構成されています。

(1) Fundamentals認定資格

基礎的なAzureへの理解を証明する資格です。初学者向けに設計されておりマイクロソフト社の基礎技術以外に、一般的なクラウドのスキルを証明できる資格が提供されています。また、この資格はITエンジニアだけでなくMicrosoft Azureをベースとしたクラウドをビジネスに応用したいすべての人に向けた入門系の資格となっています。

■ Azure Fundamentals (AZ-900)

クラウドサービスの基礎とMicrosoft Azureのサービス、ワークロード、セキュリティなどAzureの一般的な概念やテクノロジーを学習し、それを説明できることを証明します。以下のスキルが評価されます[1]。

・クラウドの概念について説明する
・Azure のコアサービスについて説明する
・Cloud のコンセプトを説明する
・コア Azure サービスを説明する
・Azure のコアソリューションと管理ツールを説明する
・一般的なセキュリティおよびネットワークセキュリティ機能を説明する
・ID、ガバナンス、プライバシーおよびコンプライアンス機能を説明する
・Azure のコスト管理と Service Level Agreements を説明する

■ Security, Compliance, and Identity Fundamentals (SC-900)

セキュリティ、コンプライアンス、アイデンティティの基礎を学びそれを説明できることを証明します。以下のスキルが評価されます[2]。

・セキュリティ、コンプライアンス、およびIDの概念を説明する
・Microsoft IDの機能を説明して、管理ソリューションをアクセスする
・Microsoft セキュリティソリューションの機能を説明する
・Microsoft コンプライアンスソリューションの機能を説明する

■Azure Data Fundamentals（DP-900）

　基本的なデータベース、データ管理に関する基本的な知識とMicrosoft Azure データサービスの実装と基礎知識を証明します。以下のスキルが評価されます[3]。
・コアデータの概念について説明する
・Azureでリレーショナルデータを操作する方法について説明する
・Azureで非リレーショナルデータを操作する方法について説明する
・Azureの分析ワークロードについて説明する

■Azure AI Fundamentals（AI-900）

　機械学習（ML）、人工知能（AI）の概念や基礎知識を証明します。また、Microsoft Azureでの実装する方法を示すことができます。以下のスキルが評価されます[4]。
・AIワークロードと考慮事項について説明する
・Azureでの機械学習の基本原則について説明する
・Azureのコンピュータービジョンワークロードの機能について説明する
・AzureのNatural Language Processing（NLP）ワークロードの機能について説明する
・Azureでの会話型AIワークロードの機能について説明する

（2）ロールベース認定資格

　開発者、管理者、セキュリティエンジニア、データベース管理者といったビジネス上のロールに応じた認定資格です。認定試験を1以上取得することで資格認定がなされます。中〜上級者向けの資格が用意されておりFundamentals認定資格から一歩踏み込んだ技術力を証明します。

■Azure Administrator Associate（AZ-104）

　Microsoft Azureサービスの実装・管理・運用および監視などの知識を証明します。また、Azureのコアサービスやワークロードを利用した実務経験が6か月以上あることが資格試験を通して評価されます。以下のスキルが評価されます[5]。
・Azureアイデンティティおよびガバナンスの管理
・ストレージの作成と管理
・Azure計算資源の展開と管理
・仮想ネットワークの構成と管理
・Azure資源の監視とバックアップ

■Azure Solutions Architect Expert（AZ-303、AZ-304）

　Microsoft Azure上の各種サービスの設計と実装について専門的な知識を有して
おり、Azureを利用して各種組織のニーズをクラウドソリューションに変換でき
るスキルを所有することを証明します。以下のスキルが評価されます[6]。
・Azureインフラストラクチャの実装と監視
・管理とセキュリティソリューションを実装する
・アプリのソリューションを実装
・データプラットフォームの実装と管理
・モニタリングを設計する
・アイデンティティとセキュリティを設計する
・データストレージを設計する
・事業継続性を設計する
・インフラストラクチャを設計する

3 AZ-900を取得する目的と拡張性

AZ-900の資格取得は、Azureの基礎技術の理解を証明するとともに、その他の
Azure系資格の取得する際の土台となります。Azureのサービス概要を知ることで、
個別のコア技術へのステップとして本資格の学習が大きく役立ちます。また、専
門的な技術に対してクラウドの全般的なスキルを身に付けることで、知識に深さ
だけではなく、広さを与えることが可能となります。

(1) AZ-900の資格を取得する目的

AZ-900の資格を取得することで、Microsoft Azureの基礎技術とサービス概要を
知ることが可能となり、顧客に対してMicrosoft Azureを紹介したり、ビジネスに
どのような変化をもたらせるかを説明できるようになります。

また、Microsoft Azureをさらに深く理解するための土台として、資格取得の学
習がさらなるステップアップに役立ちます。

(2) さらに上位の資格を目指すには

AZ-900の上位資格には、Associate認定資格として、Azure Administrator
Associateがあり、組織のAzure管理者としてのスキルパスを伸ばすことが可能
です。さらにMicrosoft Azureを利用したビジネスインパクトのある組織向けの
システム設計や計画などのスキルを証明するExpert認定資格－Azure Solutions
Architect Expertへ向けて学習を進めることも可能です。

▼Microsoft認定資格の体系

4 Azure Fundamentals（AZ-900）試験について

1

Azure Fundamentals（AZ-900）試験は、Microsoft Azureを知るにあたって基本となる資格試験です。くわしくはマイクロソフトのサイトで確認可能です。ここでは、試験のホームページより抜粋しつつ説明していきます。

試験範囲は変わることも考えられます。必ず試験を受ける前に試験のホームページ等で確認してください。

> ・ **Microsoft Certified: Azure Fundamentals**
> https://docs.microsoft.com/ja-jp/learn/certifications
> /azure-fundamentals/

（1）試験概要

Azure Fundamentals試験は、クラウドの概念、Azureサービス、Azureワークロード、Azureのセキュリティとプライバシー、Azureの価格とサポートに関する知識が問われます。受験者は、ネットワーキング、ストレージ、コンピューティング、アプリケーションサポート、アプリケーション開発の概念を含む一般的なテクノロジーの概念に精通している必要があります。

▼試験情報

受験料	12,500円
試験方式	CBT方式（申し込みはマイクロソフトサイト経由）
問題数	44問（2～3問前後する可能性あり）
試験時間	60分
合格ライン	70%の正答率

（2）試験範囲

大きく分けて6項目の内容から特定の割合で出題範囲が定められています。

▼AZ-900の出題範囲

クラウドの概念（20-25%）

- ·クラウドサービスを使用する利点と考慮事項
- ·クラウドサービスタイプの違いを理解する（サービスモデル）
- ·クラウドサービスの種類の違いを理解する（実装モデル）

コアAzureサービス（15-20%）

- ·コアAzureアーキテクチャコンポーネントについて説明する
- ·Azureで利用可能なコアリソースについて説明する

Azureのコアソリューションと管理ツール（10-15%）

- ·Azureで利用可能なコアソリューションについて説明する
- ·Azure管理ツールについて説明する

一般的なセキュリティおよびネットワークセキュリティ機能（10-15%）

- ·Azureのセキュリティ機能について説明する
- ·Azureネットワークセキュリティについて説明する

ID、ガバナンス、プライバシー、およびコンプライアンス機能（20-25%）

- ·コアAzureIDサービスについて説明する
- ·Azureガバナンス機能について説明する
- ·プライバシーとコンプライアンスのリソースを説明する

Azureのコスト管理とサービスレベル契約について説明する（10-15%）

- ·コストの計画と管理の方法を説明する
- ·Azureサービスレベルアグリーメント（SLA）とサービスライフサイクルについて説明する

1

さらにくわしく、出題範囲をみていきましょう。

クラウドの概念 (出題割合：20 ～ 25%)

・クラウドサービスを使用する利点と考慮事項

→高可用性、スケーラビリティ、弾力性、俊敏性、ディザスターリカバリーな
どのクラウドコンピューティングの利点を特定する。

→設備投資 (CapEx) と運用支出 (OpEx) の違いを特定する。

→消費ベースのモデルを説明する。

・クラウドサービスタイプの違いを理解する (サービスモデル)

→責任分担モデルについて説明する。

→Infrastructure-as-a-Service (IaaS) について説明する。

→Platform-as-a-Service (PaaS) について説明する。

→サーバーレスコンピューティングについて説明する。

→Software-as-a-Service (SaaS) について説明する。

→ユースケースに基づいてサービスタイプを特定する。

・クラウドサービスの種類の違いを理解する (実装モデル)

→クラウドコンピューティングを定義する。

→パブリッククラウドについて説明する。

→プライベートクラウドについて説明する。

→ハイブリッドクラウドについて説明する。

→3種類のクラウドコンピューティングを比較し特徴を説明する。

コア Azure サービス (出題割合：15 ～ 20%)

・コア Azure アーキテクチャコンポーネントについて説明する

→リージョンとリージョンペアの利点と使用法を説明する。

→可用性ゾーンの利点と使用法を説明する。

→リソースグループの利点と使用法を説明する。

→サブスクリプションの利点と使用法を説明する。

→管理グループの利点と使用法を説明する。

→Azure Resource Manager の利点と使用法を説明する。

→ Azure リソースについて説明する。

・Azureで利用可能なコアリソースについて説明する

→ 仮想マシン、Azure App Service、Azure Container Instances(ACI)、
Azure Kubernetes Service(AKS)、およびAzure Virtual Desktopの利点と使用法
について説明する。

→ 仮想ネットワーク、VPNゲートウェイ、仮想ネットワークピアリング、およ
びExpressRouteの利点と使用法について説明する。

→ コンテナ(Blob)ストレージ、ディスクストレージ、ファイルストレージ、お
よびストレージ層の利点と使用法について説明する。

→ Cosmos DB、Azure SQLデータベース、MySQL用Azureデータベース、
PostgreSQL用Azureデータベース、およびSQLマネージドインスタンスの利
点と使用法について説明する。

→ Azure Market placeの利点と使用法を説明する。

Azureのコアソリューションと管理ツール(出題割合：10～15%)

・Azureで利用可能なコアソリューションについて説明する

→ モノのインターネット(IoT)ハブ、IoT Central、およびAzure Sphereの利点と
使用法について説明する。

→ Azure Synapse Analytics、HDInsight、およびAzure Databricksの利点と使用法
について説明する。

→ Azure Machine Learning、Cognitive Services、Azure Bot Serviceのメリットと使
用法について説明する。

→ Azure FunctionsとLogic Appsを含むサーバーレスコンピューティングソ
リューションの利点と使用法について説明する。

→ Azure DevOps、GitHub、GitHub Actions、およびAzure DevTestLabsの利点と
使用法について説明する。

・Azure管理ツールについて説明する

→ Azure Portal、Azure PowerShell、Azure CLI、Cloud Shell、およびAzure Mobile
Apps(モバイルアプリ)の機能と使用法について説明する。

→ Azure Advisorの機能と使用法を説明する。

→ Azure Resource Manager(ARM)テンプレートの機能と使用法を説明する。

1

→ Azure Monitorの機能と使用法を説明する。

→ Azure Service Healthの機能と使用法を説明する。

一般的なセキュリティおよびネットワークセキュリティ機能（出題割合：10～15%）

・**Azureのセキュリティ機能について説明する**

→ ポリシー、コンプライアンス、セキュリティアラート、安全なスコア、リソース状態など、Azure Security Centerの基本的な機能について説明する。

→ KeyVaultの機能と使用法を説明する。

→ Azure Sentinelの機能と使用法を説明する。

→ Azure専用ホスト（Azure Dedicated Hosts）の機能と使用法を説明する。

・**Azureネットワークセキュリティについて説明する**

→ 多層防御の概念をくわしく説明する。

→ ネットワークセキュリティグループ（NSG）の機能と使用法を説明する。

→ Azure Firewallの機能と使用法を説明する。

→ Azure DDoS保護の機能と使用法を説明する。

ID、ガバナンス、プライバシー、およびコンプライアンス機能（出題割合：20～25%）

・**コアAzure IDサービスについて説明する**

→ 認証と承認の違いを説明する。

→ Azure Active Directoryを定義する。

→ Azure Active Directoryの機能と使用法を説明する。

→ 条件付きアクセス、多要素認証（MFA）、シングルサインオン（SSO）の機能と使用法について説明する。

・**Azureガバナンス機能について説明する**

→ ロールベースのアクセス制御（RBAC）の機能と使用法を説明する。

→ リソースの機能と使用法を説明する。

→ タグの機能と使用法を説明する。

→ Azureポリシーの機能と使用法を説明する。

→Azure ブループリントの機能と使用法を説明する。

→Azure のクラウド導入フレームワーク (Microsoft Cloud Adoption Framework for Azure) について説明する。

・**プライバシーとコンプライアンスのリソースを説明する**

→セキュリティ、プライバシー、コンプライアンスに関するマイクロソフトの主要な信条を説明する。

→マイクロソフトのプライバシーに関する声明、製品条件サイト、およびデータ保護補遺 (DPA) の目的を説明する。

→トラストセンターの目的を説明する。

→Azure コンプライアンスドキュメントの目的を説明する。

→Azure ソブリンリージョン (Azure Government クラウドサービスと Azure China クラウドサービス) の目的を説明する。

Azure のコスト管理とサービスレベル契約について説明する（出題割合：10 ～ 15%）

・**コストの計画と管理の方法を説明する**

→コストに影響を与える可能性のある要因を特定する (リソースの種類、サービス、場所、入力および出力トラフィック)。

→コストを削減できる要因を特定する (予約済みインスタンス、予約済み容量、ハイブリッド使用のメリット、スポット価格)。

→価格計算機と総所有コスト (TCO) 計算機の機能と使用法を説明する

→Azure Cost Management の機能と使用法を説明する。

・**Azure サービスレベルアグリーメント (SLA) とサービスライフサイクルについて説明する**

→Azure サービスレベルアグリーメント (SLA) の目的を説明する。

→SLA に影響を与える可能性のあるアクションを特定する (可用性ゾーンなど)。

→Azure でのサービスライフサイクルの説明する (プライベートプレビュー、パブリックプレビュー、一般提供)。

1

(3) 申し込み方法

　試験の申し込みは、マイクロソフト社のWebサイトより申し込みが可能です。実際の試験会場はPearson VUEなどの試験を運営する企業の会場で試験を受験可能です。詳細は下記のWebサイトで確認可能です。

●認定プロセスの概要
https://docs.microsoft.com/ja-jp/learn/certifications
/certification-process-overview

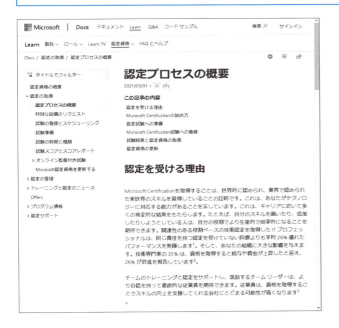

■基本的な資格試験の取得流れ

① Microsoftアカウントを取得し、以下のサイトに接続後、認定プロファイルを作成します。

https://docs.microsoft.com/ja-jp/learn/certifications/

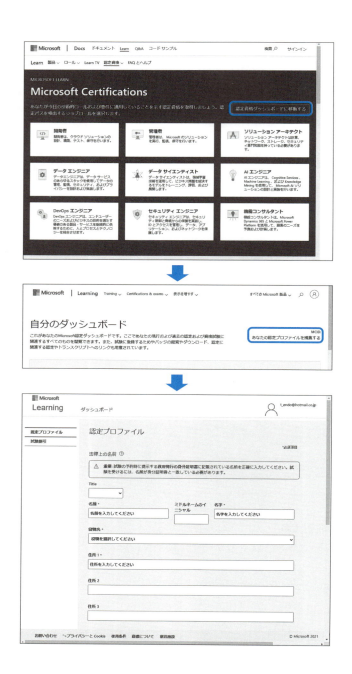

② プロファイルを作成後、同サイトで受験したい試験を検索します。
（https://docs.microsoft.com/ja-jp/learn/certifications/）

③ 試験の概要を確認後、試験概要の指示に従い、試験をスケジュールします。

（4）どこで受験するか

　資格試験は試験提供会社（Pearson VUE）の会場で受験可能です。また、オンラインでの受験も可能となっています。オンラインで受験をする場合は事前にシステムの確認などが必要になるため、下記サイトにて事前確認後に受験が可能となります。

> ●**Pearson VUEによるオンライン試験について**
> https://docs.microsoft.com/ja-jp/learn/certifications
> /online-exams

5 AZ-900試験の問題パターンと注意点

AZ-900の資格試験は基礎力を問うことが中心となるため、技術要素に対してシンプルな解答を求める形の問題がほとんどです。また、Microsoft Azureに課する問題以外に第2章で取りあつかうクラウドコンピューティングの全般的な知識を問われる点に注意が必要です。

(1) 問題の形式

主に択一形式の問題で、問題文に対して解答を選択します。選択肢の数は問題によりまちまちであるため4択の問題とは限りません。また、似たような質問が繰り返されるタイプの新しい問題形式も存在します。

試験形式および質問タイプには、以下のようなものがあります。

・実際の画面	・複数の選択
・最適解問題	・繰り返し答えられた選択
・リストの作成	・短い答え
・事例	・ラボ
・ドラッグアンドドロップ	・マークレビュー
・ホットエリア	・レビュースクリーン

くわしくは、以下のサイトを参考にすると、Microsoft認定資格の試験パターンが確認できます。

ただし、AZ-900の資格試験ではAzureの基礎的な部分を確認し、初心者でもAzureを理解し説明できるレベルを想定しているため、ラボを用いた実際にAzure自体を操作する問題は出題されない可能性が高いと考えられます。

● Microsoft認定試験の試験形式および質問のタイプ

https://docs.microsoft.com/ja-jp/learn/certifications
/exam-duration-question-types

参考URL

[1]〜[6]Microsoft社のサイトを参考にして抜粋。

[1] Microsoft Certified: Azure Fundamentals (AZ-900) (p.15)

https://docs.microsoft.com/ja-jp/learn/certifications/azure-fundamentals/

[2] Microsoft Certified: Security, Compliance, and Identity Fundamentals (SC-900) (p.15)

https://docs.microsoft.com/ja-jp/learn/certifications/security-compliance-and-identity-fundamentals/

[3] Microsoft Certified: Azure Data Fundamentals (DP-900) (p.16)

https://docs.microsoft.com/ja-jp/learn/certifications/azure-data-fundamentals/

[4] Microsoft Certified: Azure AI Fundamentals (AI-900) (p.16)

https://docs.microsoft.com/ja-jp/learn/certifications/azure-ai-fundamentals/

[5] Microsoft Certified: Azure Administrator Associate (AZ-104) (p.16)

https://docs.microsoft.com/ja-jp/learn/certifications/azure-administrator/

[6] Microsoft Certified: Azure Solutions Architect Expert (AZ-303、AZ-304) (p.17)

https://docs.microsoft.com/ja-jp/learn/certifications/azure-solutions-architect/

第2章

クラウドの概念

2-1 クラウドとは

この節では、近年急速に普及したクラウドとは何かを、学習します。クラウドコンピューティングの基本を NIST（アメリカ標準技術研究所）の定義に基づいて学習します。

1 クラウドとはなにか？

クラウド自体は決して新しいものではありません。難しく考えるのではなく利用の仕方や考え方が変わったと認識するとスムーズに理解できます。

クラウドとは、IT システムを構築する際のさまざまな資源を自社で保有するのではなく、レンタルすることで必要なときに必要な分だけ利用するサービスの形態を指します。

NIST では、クラウドについて、以下のような定義をしています。

> 「構成できるコンピューティング資源（ネットワーク、サーバー、ストレージ、アプリ、サービス等）の共有プールへオンデマンドなアクセスを可能にするモデルである。それらへ管理の手間は最小限であり、素早くプロビジョニングおよびリリースできる。また、このクラウドモデルには、5つの重要な特性と3つのサービスモデル・4つの実装モデルで構成されている。」
> 参考 https://csrc.nist.gov/publications/detail/sp/800-145/final

（1）クラウドの5つの特性

NIST は、クラウドコンピューティングを定義するために、5つの特性をあげています。これらの特性を持っている IT サービスをクラウドとしています。

ただし、実際のクラウドサービスにはこれらの特徴を持っていなくとも、NIST の基本的な定義にある通り、最小限の手間で素早くプロビジョニング・リリースできるものであれば、クラウドと呼ばれることが多いことも事実です。

・オンデマンドセルフサービス（On-demand self-service）
・ネットワークアクセス（Broad network access）

- リソースプール (Resource pooling)
- **伸縮性** (Rapid elasticity)
- **計測可能なサービス** (Measured service)

　上記5つの特徴があります。各特長については次の項で紹介します。

(2) 4つの実装モデル

　クラウドサービスの物理的な配置や利用の方法は、4つの実装モデルに分類されています。また、クラウドサービスの登場によって、従来のコンピューティング資源の使い方を「オンプレミス環境」と呼ぶようになりました。オンプレミスとは、自社内にサーバーを設置して物理マシン上でさまざまなソリューションを構成することです。

　そのオンプレミスとクラウドを組み合わせることやオンプレミス環境にクラウド環境を作るような考え方も存在します。

- **パブリッククラウド**
- **プライベートクラウド**
- **ハイブリッドクラウド**
- **コミュティクラウド**

　クラウドの実装モデルは2-3節で紹介します。

(3) 3つのサービスモデル

　クラウドサービスを提供する度合いに応じてクラウドに3つのサービスモデルが存在します。サービスモデルによって、システム運用の管理負荷・セキュリティ境界・カスタマイズなど、さまざまな違いがあります。

- SaaS (Software as a Service)
- PaaS (Platform as a Service)
- IaaS (Infrastructure as a Service)

　クラウドサービスは、「○○ as a Service」という形で表記されます。しかし、クラウドサービスとして多くの人に理解されるサービスモデルは上記の3つのみです。

　これ以外にも「BaaS」や「DaaS」と呼ばれるサービスモデルを見かけることもありますが、これらは、よりくわしくクラウドサービスの特徴を表すために作られたセールス用の用語であり、SaaSやPaaSに含まれることがほとんどであるため、注意が必要です。3つのサービスタイプの紹介は2-4節で紹介します。

2 クラウドの5つの特性

　ここでは、クラウドのメリットやデメリットを考えるときに重要となる特性について学習します。この特性を知ることでクラウド導入に際してビジネスにどのようなインパクトを与えるかを考えることができます。また、クラウド導入に適さない組織を確認することも可能です。

(1) オンデマンドセルフサービス (On-demand self-service)

　いつでも、必要なときにクラウドを利用でき、利用者がクラウド事業者の提供するWebツールなどを利用して、自身で各種設定準備を行い、クラウド上にシステムを構築する特性です。利用者はクラウド事業者と直接やり取りをすることなく、Webツールなどを利用してクラウドシステムを利用可能となります。

(2) ネットワークアクセス (Broad network access)

　インターネットを介して、利用者はクラウドを利用できます。標準的なネットワークアクセスさえ用意できれば、オンデマンド・セルフサービスと合わせて、利用者は手軽にITシステムを手に入れ、利用することが可能となります。

(3) リソースプール (Resource pooling)

　クラウド事業者は、コンピューティングリソースをデータセンターなどに集積し、必要に応じて利用者に提供します。このコンピューティングリソースの集積をリソースプールと呼びます。リソースプールを持つことで、クラウド事業者は利用者に対して、要求に応じたコンピューティングリソースを提供しITシステムを利用可能とします。利用者は、場所の制約を受けずにこのリソースを利用できます。

　また、基本的に利用者は、コンピューティングリソースの物理的な細かな場所の特定はできません。ただし、大手のクラウド事業者は利用者に対して国や地域といった物理的な場所を選んで利用できるようにしています。リソースの具体的な要素は、コンピューティング（CPU）、メモリ、ネットワーク、ストレージ等があげられます。

(4) 伸縮性 (Rapid elasticity)

　この特性は、弾力性・俊敏性などさまざまな言葉で説明されます。リソースプールによって自由にリソースが提供されるため、利用者は必要なときにシステムを増強・縮小可能です。したがって、スピーディにシステムを増強してエンドユーザーの期待に応えることや、サービス利用率が低い場合はサービスを縮小さ

せてコストを節約可能となります。また、新規事業では素早くシステムをデプロイし（利用可能な状態にし）、サービスをスタートさせることが可能となります。

(5) 計測可能なサービス（Measured service）

各種サービスの利用の度合いが計測されることで、利用者はコストの予測や現状の把握が可能となります。

3 規模の経済と消費モデル

クラウドの利用は、規模の経済の影響を強く受けます。クラウド事業者が大規模にデータセンターやサーバーの集積を行うことで利用者へのリソース提供コストを下げることが可能です。

(1) メガクラウド

Microsoft、Amazon、Googleなどの大手クラウド事業者は、規模の経済を活かして大規模なクラウドを展開することで、利用者にコストメリットを与えています。結果として利用者が増えクラウド事業者自体の収益安定につながり、さらに利用者への還元が可能となります。また、大手クラウド事業者同士の競争によりサービス品質の向上も期待できます。

(2) CapExとOpEx

組織が事業に対して行う投資項目のことです。財務諸表などに記載される項目ですが、クラウドを導入するにあたってITシステムに対する費用の考え方が変わるため、クラウドを利用する際はこの指標が必要になる場合があります。

■Capital Expenditure（資本的支出・CapEx）

ITシステムの設備投資と表現するとイメージがわきやすい項目です。従来のオンプレミス環境では、ITシステムを購入し、自社に設置して利用をしていたため、システム自体が企業の資産として扱われていました。また、購入費用は減価償却の対象となり、購入後耐久年数分に分けて費用を計上する必要があります。したがって、オンプレミス環境ではCapExが上昇します。

■Operational Expenditure（運営支出・OpEx）

ITシステムを維持するために必要となる運営費・事業費を指します。クラウドを利用する場合は、システムを自前で持たないため、クラウドの利用費用としてITシステムの費用が計上されます。結果としてオンプレミス環境に比べてCapExが低下し、OpExが上昇する形となり、固定費ではなく変動費としてITシ

ステムの費用が発生するようになります。

　クラウド利用が促進されると、ITシステムの費用がCapExからOpExにシフトするようになるため、ITシステムの費用が事業運営のリスクとなるケースが減ります。
　従来のITシステムの場合、予測不可能な需要予測に基づいて購入したシステムを使い続けるリスクが常に存在します。しかし、クラウドを利用すると、必要な分だけのシステムを利用できるため、いつでもITシステムを手放すことが可能です。
　ただし、長期間にわたって安定稼働が見込めるシステムでは、従来の方法でシステムを構築する方が、コストメリットが出る場合もあることは考慮すべきです。

（3）消費モデル
　クラウドの利用は原則として従量課金のモデルが一般的です。利用した分だけの費用が発生するため、オンデマンド・セルフサービスで利用を開始した瞬間から、システムを停止するまで費用が発生します。利用した分の範囲については、利用するサービスやリソースによって異なるため、事業者ごとに確認する必要があります。
・初期費用はないか、少額
・利用した分だけの費用負担
・システムを停止しない限り費用負担は止まらない
・追加分も利用した分だけの費用

2

演習問題2-1

問題1.   ➡解答 p.39

次の説明文に対して、はい・いいえで答えてください。

クラウドの伸縮性（弾力性）の特徴は、クラウドを利用することで柔軟にITシステムのコストを配分できることです。たとえば、繁忙期にはCPUやメモリの割り当てを増やし、閑散期にはそれらを減らすことでコストを調整することが可能です。

A. はい
B. いいえ

問題2.   ➡解答 p.39

新しく社内のITシステムを導入予定です。オンプレミス環境への導入と費用を比較できるようにクラウド導入後の費用状況を監視しようと考えています。必要なクラウド特性はどれですか？

A. 弾力性
B. 計測可能なサービス
C. 監視
D. ネットワークアクセス
E. オンデマンドセルフサービス

問題3.　　　　　　　　　　　　　　➡解答　p.39　

　社内向けの管理システムをクラウド化することになりました。Azure 上に環境を構築し、管理システムをすべてクラウド化しました。コストを縮小するため夜間は仮想マシンを停止することにしました。夜間はクラウドの利用料は掛かりますか？

　A. はい
　B. いいえ

問題4.　　　　　　　　　　　　　　➡解答　p.40　

以下の項目にはい・いいえで答えてください。

クラウドを利用することでCapExが上昇し、支出の柔軟性が向上します。

　A. はい
　B. いいえ

問題5.　　　　　　　　　　　　　　➡解答　p.40　

　Azure 環境へ、社内のクライアントやサーバーを移行しようと考えています。Azure のポータルサイトから必要なサービスをかんたんにセットアップできました。また、クライアントの必要なデータはAzure のポータルからアップロードすることで対応できました。クラウドのどの特性を利用していますか？

　A. 弾力性
　B. 計測可能なサービス
　C. 監視
　D. ネットワークアクセス
　E. オンデマンドセルフサービス

解答・解説

問題1.
➡問題　p.37

解答　A.

解説

　クラウドは、リソースプールからITシステムのリソースを、オンデマンドセルフサービスによって自由に割り当て可能であり、必要なときに必要な分だけ利用できます。クラウドの特性の「伸縮性（弾力性）」は、こういった自由な割り当てにより、コストの柔軟性や時間・需要に応じたITリソースの割り当てを可能にします。

問題2.
➡問題　p.37

解答　B.

解説

　計測可能なサービス（Measured service）の特性を利用することで、利用されたサービスの状況や利用率を確認可能です。クラウドは消費ベースでの従量課金となるため、利用状況を確認できることが大切な特性となります。

問題3.
➡問題　p.38

解答　A.

解説

　消費モデルから、クラウドの利用料は利用分だけの費用が掛かります。仮想マシンとは仮想的なサーバーを指します。したがって、費用の対象となるのは、コンピューティング（CPU、メモリ）、ネットワークアクセス、ストレージとなります。仮想マシンを停止した場合は、ストレージ以外の利用料はなくなるため費用は掛かりません。しかし、ストレージは保存したデータの容量分が従量課金の対象となるため、費用が掛かります。

問題4. ➡問題 p.38

解答　B.

解説

　クラウドを利用することでCapExが低下し、OpExが上昇するため、クラウドを利用することで支出の柔軟性は上がります。**CapExは低下します。**

問題5. ➡問題 p.38

解答　E.

解説

　オンデマンドセルフサービスの特性を利用しています。Azureは、Webポータルなどの、クラウド事業者の提供するツールを使ってクラウドを操作します。システムの構成や、データのアップロードなどはWebポータルを利用して構成可能です。Azureでは、ポータル以外にもAzure PowerShellやAzure CLIによるコマンドラインでの操作も可能です。

2-2 クラウドを使うメリット

クラウドを利用する際のメリットについて学習します。また、デメリットを
知ることでクラウドに適さない組織についても学習します。

1 クラウドを利用する際の指標とメリット

　クラウドを利用することで移り変わりの激しいビジネス要求に対応するITシス
テムを素早く構築することが可能となります。また、数か月で陳腐化してしまう
ようなシステムを新しいシステムに切り替えたり、次々にソフトウェアを更新す
るようなゲームを配信するシステムなど、継続的なシステム変更に、クラウドで
あればすぐに対応することが可能です。

(1) コストの抑制

　クラウドコンピューティングを利用してシステムを構築すると、使用した分だ
けの利用料金でシステムが利用可能となります。

■運用コストの圧縮

　オンプレミス環境では、ハードウェアの運用コストやネットワークの日々の運
用、OS、ミドルウェアのソフトウェアのセキュリティ更新など、さまざまな運用
コストが発生します。しかし、クラウドコンピューティングを利用すると、その
すべて、もしくは大部分をクラウド事業者に任せることができるため、利用した
分だけの支払いでシステムが利用できます。

■スケーリングによるコスト調整（弾力性・俊敏性）

　ITシステムの利用は、日時・ユーザー数・処理内容などさまざまな要因でシス
テムにかかる負荷が変動します。

　オンプレミス環境では最大の負荷に耐えられるようにシステムを構築すると、
負荷が低い時間帯がある場合は掛けたコストが無駄になります。逆に、平均的な
負荷に耐えられるようにシステムを作ってしまうと高負荷時にシステムが利用で
きなくなる可能性があり、ビジネスに悪影響を及ぼします。

　クラウドを利用すると、スピーディに必要なハードウェアを含めたリソースを
リソースプールから割り当てることが可能です。高負荷時にはリソースを増強

し、負荷が落ち着いたらリソースの割り当てを解除することで、コストを適切に配分することが可能となります。結果として無駄なコストを掛けずにITシステムの利用が可能となります。

■新規事業などの変化への対応

ITシステムを構築し、利用した時間にだけ課金が発生します。したがって、新規事業で新しい仕組みを導入する際にはクラウドが最適となります。新しいWebシステムを構築し、新規事業を開始し、使用した分だけの支払いですぐにシステムが利用可能です。

さらに、事業拡大時にはリソースプールから追加のリソースが割り当てできます。万が一事業が失敗した場合は、割り当てを解除することでシステムに掛かる費用を削除することができます。

オンプレミス環境では、少なくともハードウェアや確保した場所に掛かる費用はすぐには削除できません。

(2) 高可用性・障害・災害への対応

Azureのような大規模なクラウドでは、広大なリソースプール、全世界にまたがるデータセンターの配置によりさまざまな対応が可能となります。

■高可用性

大規模なリソースプールにより、手軽に可用性[※1]を持たせることが可能となります。システムのダウンタイム[※2]を最小にしてビジネスへの影響を最小化できます。

※1　可用性：システムを利用できる度合いのこと。壊れにくさ・止まりにくさなどを表す。

※2　ダウンタイム：何らかのトラブルによりシステムが利用できない時間帯のこと。

■フォールトトレランス

ネットワークの冗長化[※3]、システムの冗長化といった、システム利用に不可欠なリソースを冗長化することで、障害に耐性のある環境が提供されています。

※3　冗長化：対象のリソースを複数用意して二重・三重とすることで、1つが壊れた場合にもう一方に切り替えることで、リソース全体として動作し続けられるようにすること。

■ディザスターリカバリー

地理的に離れたデータセンターを利用することにより、災害対策を織り込むことも可能です。複数の離れた地域のデータセンターを利用してシステム構築し、必要な情報を複製することで、一方のデータセンターで問題があった場合は、自動的にほかのデータセンターに切り替えを行い、システムを利用し続けることが

可能です。

■スケーラビリティ

Azureなどの大規模なクラウドでは、広大なリソースプールにより実質無限の拡張性を提供可能です。極端な例をあげると、全世界に点在するサーバーを数百台以上用意するといったことがかんたんに実現可能です。

(3) クラウドへの移行のポイント

クラウドコンピューティングでは、規模の経済により大規模なリソースプールを持つメガクラウドが存在します。また、大手のクラウド事業者は、さまざまなクラウドサービスを提供しているため、多様なビジネスニーズに応えることが可能です。

■ソフトウェア開発の速度

近年ソフトウェア開発の期間は非常に短くなっています。アジャイル開発[4]などの開発手法は、数週間、数日という単位で新しいソフトウェアが登場します。スマートフォンや携帯のアプリをイメージすれば、新しいソフトウェアの登場サイクルは非常に短くなっていることが体感できるはずです。これに対応するには、手軽にリソースプールからリソースを割り当て・割り当て解除が可能なクラウドが必須となります。

[4] アジャイル開発：従来型のアプリケーションの開発手法とは異なり、短い期間でソフトウェアをリリースし、ユーザーのフィードバックをもらいながら改善をして、ソフトウェア開発を行う対話を重視した開発手法。

■新機能の追加

AIやビックデータ、モバイルデバイスへ対応等ITシステムの利用を取り巻く環境は、多種多様な機能が必要となります。それらを0から構築・運用することは非常に困難です。クラウドを利用することで、すでにあるシステムを最低限の設定のみで利用することが可能となります。Azureでは、AI（画像認識・自然言語理解など）、ビックデータ対応、モバイルデバイス対応といったサービスがすぐに利用可能です。

■オンプレミス環境では実現困難な高可用性とディザスターリカバリー

企業の規模によらずにクラウドを利用することで、高可用性なシステム、ディザスターリカバリーを、メガクラウドの規模の経済効果により、非常に安価な費用でこれらが実現可能となります。

2 クラウド利用に適さない例

クラウドは非常に便利で有用なITシステムの利用が可能となりますが、すべての組織で必ず利用できるわけではありません。クラウドの利用に適さない例をいくつか確認します。

(1) 高可用性・高運用の保証が必要

Azureなどの大規模なクラウドは、通常の利用に耐え得る高い可用性や運用がなされています。しかし、これを超える非常に高い可用性・運用が求められる場合には、自由にハードウェアを選択できるオンプレミス環境などでの構築が必要になることがあります。また、保証に関しては、SLA (Service Level Agreement) と呼ばれるクラウド事業者が定めた内容に従う必要があるため、利用企業側が独自に決めることはできません。

(2) システムの変更・システム負荷の変動がほとんどない

クラウドの特性である、伸縮性、リソースプールの恩恵を受けない場合、クラウドを利用するメリットが非常に低くなるため、利用するメリットが少なくなります。

(3) 法的な理由でデータの保管場所に制約がある

個人情報や機密情報などの保管に関しては、クラウドを利用する場合は情報を自社以外の他社へ預ける形になります。したがって、個人情報などの取り扱いについては十分に配慮する必要があります。特に法的な問題がある場合は、クラウドへの保存方法を工夫することや、保存自体をしないという判断も必要になります。

演習問題2-2

問題1.

➡解答　p.47

　世界中にサービスを提供している企業がシステムをAzureに移行しようと考えています。特定の地域で災害があった際にも安定してクラウドを利用し続けるためにこの企業が重要視するクラウドの利点はどれですか？

A. ディザスターリカバリー
B. 弾力性
C. スケーラビリティ
D. ネットワークアクセス

問題2.

➡解答　p.47

　Azure上にシステムを移行予定です。データセンター内でトラブルがあった際にも、Azureを利用し続けるために、確認するべきクラウドの特性はどれですか？（2つ選択）

A. スケーラビリティ
B. フォールトトレランス
C. ネットワークアクセス
D. 高可用性

問題3.
➡解答　p.47

スタートアップした企業があります。この企業ではAIやビックデータを用いて商品の売れ行きを提供するサービスを開発しています。この企業が顧客に提供するサービス基盤の選定をしています。IT基盤としてクラウドを利用し、Azureの採用を決定しました。

この企業の選択は、クラウドの利点を活用できるかどうかの観点で見た場合、適切でしょうか？

A. はい
B. いいえ

問題4.
➡解答　p.48

オンプレミス環境に100台のサーバーを持つ企業がクラウドへの移行を考えています。今後さらに数十台のサーバーを追加予定です。この企業が注目するべきクラウドの利点はどれですか？

A. スケーラビリティ
B. フォールトトレランス
C. ネットワークアクセス
D. 高可用性

問題5.
➡解答　p.48

医療系のサービスを提供する組織が、ITシステム刷新のためにクラウドの利用を想定しています。現状の予定ではすべてのシステムをクラウドに移行しようと考えています。また、この組織の持つデータは個人情報や傷病情報等の機微な情報を含むため法的な観点も考慮する必要があります。

現在の方針はクラウド利用をする上で適切でしょうか？

A. はい
B. いいえ

2

解答・解説

問題1. ➡問題 p.45

解答 A.

解説

　災害時などデータセンターが被害を受けた際に、そこから回復する能力のことを**ディザスターリカバリー**と呼びます。弾力性、スケーラビリティは、どちらもリソースプールからくるクラウドの特性で、コストや柔軟性に影響します。ネットワークアクセスは、どこからでもインターネットを介してクラウドにアクセスできる特性です。

問題2. ➡問題 p.45

解答 B.、D.

解説

　フォールトトレランスの具体的な例として、データセンター上で1つの物理的なデバイスが故障した場合でもシステムに影響しないように、2つ以上のデバイスで冗長化することで障害対策をしています。こういった構成がクラウドを提供しているデータセンターでは実施されています。また、**高可用性**を維持するために、サービスの冗長化をAzureでは、サービスのオプションや機能として提供しています。

問題3. ➡問題 p.46

解答 A.

解説

　新規事業であるため、クラウドを利用したスモールスタートが可能です。また、AIやビックデータに関連する多数のサービスを有するAzureを選択したこともメリットと考えることができます（Azureのサービスは第3章、第4章でくわしく紹介します）。

問題4.　　　　　　　　　　　　　　　　　　　　　➡問題　p.46

解答　A.

解説

　クラウドの**スケーラビリティ**は、事業者の持つリソースプールの大きさに比例します。基本的に**メガクラウド**と呼ばれる大規模なクラウド事業者は、非常に大きなスケーラビリティを提供することができます。地域に根差した小規模なクラウド事業者の場合は、このスケーラビリティに関しては制限される可能性があります。

問題5.　　　　　　　　　　　　　　　　　　　　　➡問題　p.46

解答　B.

解説

　現状では、法的な観点からクラウドへの全面移行は難しいと考えられます。クラウド上のデータは、データセンター上のさまざま場所に保存される可能性があり、所在の特定ができない場合があります。また、メガクラウドを利用すると保存される国が異なる場合は、データセンターがある地域の法律が適用されるためその点も問題になります。

　しかし、こういった機微情報を取り扱う場合は、2-4節で紹介をする**ハイブリッドクラウド**を利用することで法的な問題をクリアできます。

2-3 クラウド環境の種類

クラウドの実装モデル（Deployment Models）をNISTが定義した内容に従って学習します。クラウドの利用方法や提供範囲が種類によって異なります。

2

1 クラウドの実装モデル

クラウドの実装モデルは、クラウドサービスを提供する際の公開の度合いや、実際のデータセンターの置かれる場所などの違いから、4つの種類があります。実装モデルによって利用される用途やメリットが変わります。一般的にはパブリッククラウドが最も多く利用されているクラウドの実装モデルです。

（1）パブリッククラウド

広く公開されて利用されるクラウドです。多くの事業者がサービスを提供しており、実際のITシステムは利用者によって共有されて利用します。

（2）プライベートクラウド

名前の通り組織独自のクラウドです。比較的規模の大きい組織が自組織内に対してパブリッククラウドと同様のサービスを自組織にのみ提供します。

（3）ハイブリッドクラウド

パブリッククラウドとプライベートクラウドなどの異なる実装モデルを組み合わせて利用する実装モデルです。このモデルは自組織内を組み合わせて利用するという利用パターンも含まれるため、自組織に完全なプライベートクラウドがない場合も、規模の大きい社内システムとパブリッククラウドを組み合わせる場合にこの言葉使われることがあります。

（4）コミュティクラウド（新試験から範囲対象外）

同業種間で利用できる基幹業務などをクラウド化したシステムを提供するクラウドです。他の組織間で利用するため一部パブリックな部分がありますが、同一業種内に絞った開発をすることで特定の業種に特化したクラウドです。アプリケーションの開発コストなどを同一業種の多組織間で共有するため、安価に質の高いシステム構成ができる場合があり、競合関係になりにくい業種での利用が想定されています。【例】建築・医療・公的サービスなど。

2 パブリッククラウド

多くの利用者に公開され、**誰でも契約をすることで利用できるクラウド**です。一般的にインターネットを介してアクセスを行い、クラウド事業者が提供するWeb管理ツールを介してクラウドを操作します。

(1) パブリッククラウドの利用イメージ

図にある通り、インターネットを介してさまざまな利用者がクラウド事業者が提供する **SaaS、PaaS、IaaS を利用**します。クラウド事業者により提供するサービスタイプは異なりますが、パブリッククラウドで実装されている場合は誰でも契約をすれば利用できます。

▼パブリッククラウド

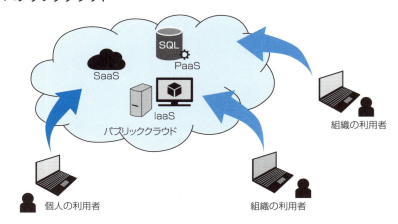

利用者は個人・組織を問わないので、パブリッククラウドはさまざまな参加者がクラウド事業者のITシステムを共有して利用します。クラウドのコストメリットは、このシステムを共有していることが要因の1つであると考えられます。

(2) 物理的なリソースの共有

パブリッククラウドは、クラウド事業者の用意したデータセンター内の物理的なリソースを複数の利用者で共有します。ただし、各利用者のデータは論理的に分離されるため、他の利用者のデータが見えてしまうようなトラブルは通常起こりません。こういった利用方法を**マルチテナント**と呼びます。

2

■マルチテナント

パブリッククラウドは、マルチテナントでの利用がほとんどです。物理的なリソースは複数の利用者で共有されます。

■シングルテナント

パブリッククラウドは、シングルテナントによる物理的なリソースを利用者が独占する利用法はあまり使われません。しかし、近年、セキュリティやパフォーマンスの定量化の観点から、シングルテナントに対応したクラウドも登場しています。Azureもいくつかのサービスは、一部をシングルテナントのように利用するサービスが提供されています。

（3）パブリッククラウドの考慮事項

パブリッククラウドは、すでに紹介をしている通り、大きなコストメリットや広大なリソースプールを持つ事業者を利用することで、ビジネスにスピード感を持たせることが可能です。ただし、マルチテナントモデルであるため、セキュリティやパフォーマンスに関して特定の要件がある場合は、クラウド事業者の指針や法的ルールに従う必要があるため、自組織だけでは管理できない点を覚えておく必要があります。

3 プライベートクラウド

プライベートクラウドは、パブリッククラウドのようなITシステムのサービスを、自組織内にのみ展開する手法です。独自のデータセンターを持ち、データセンターにアクセスできる自組織内にクラウドサービスを提供します。

（1）プライベートクラウドの利用イメージ

自組織内にデータセンターを持ち、パブリッククラウドと同様にクラウドを管理するためのシステムを構築します。同一の組織に対してクラウドを提供することで、素早いITシステムの提供を行いながら、高いセキュリティを維持することが可能であり、自組織に合わせて改変することも可能です。

▼プライベートクラウド

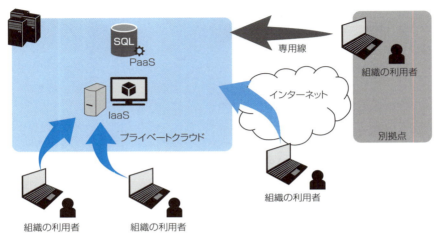

(2) プライベートクラウドの実装

　プライベートクラウドの実装には、仮想環境やそれを動的に配置、配分するパブリッククラウドで実現されている仕組みが不可欠です。こういった仕組みはオープンソースの仕組みや、パブリッククラウド各社がプライベートクラウドを作成するために仕組みを別途提供している場合などがあります。

(3) プライベートクラウドの考慮事項

　プライベートクラウドの実装の都合上、システム構築に大きなコストが発生します。そのため、クラウドのメリットであるコスト面で大きなデメリットが発生します。プライベートクラウド自体は、従来のオンプレミス環境を自組織内で利用するときの方法を変えただけなります。しかし、近年、セキュリティの実現のために、プライベートクラウドにも注目が集まっています。また、プライベートクラウドを提供するためのデータセンターを貸し出すような利用型のプライベートクラウドも登場しています。

4 ハイブリッドクラウド

　ハイブリッドクラウドは、他の実装モデルを組み合わせて利用します。一般的には、パブリッククラウドに公開情報やシステムのフロントエンドを置きます。

セキュリティやパフォーマンスが重視されるシステムのみプライベートクラウドや自組織内に保管し、必要情報のみをパブリッククラウドと連携します。組み合わせてクラウドを利用するため、設計が複雑になりますが、それぞれの良い点をくみ取ることが可能です。

（1）ハイブリッドクラウドの利用イメージ

　利用者は、システムへのアクセスはフロントエンドであるパブリッククラウドを利用して、インターネットなどさまざまな場所からシステム利用が可能となります。また、パブリッククラウドの利点を活かしてスピーディなスケーリングやシステムの改変などが柔軟に行えます。

　さらにプライベートクラウドを組み合わせることで、個人情報や研究情報などの機微な情報は自社内に置き、厳格に物理的な場所を含めて管理することが可能です。また、万が一のトラブル時には、パブリッククラウドとの接続を遮断することでプライベートクラウドを守ることも可能です。

▼ハイブリッドクラウド

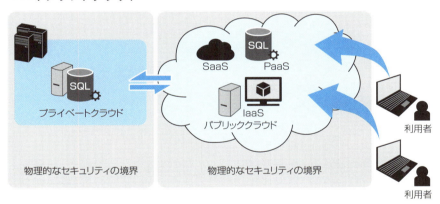

（2）マルチクラウド

　ハイブリッドクラウドとは異なり、複数のパブリッククラウドを組み合わせて利用する方法も近年では増えています。このような利用方法をマルチクラウドと呼びます。マルチクラウドでは、異なるクラウド事業者のPaaSなどを組み合わせることで、コスト、機能、ディザスターリカバリーなどのメリットを最大化することが可能です。

演習問題2-3

問題1. ➡解答 p.56

パブリッククラウドの特徴として、正しいものを選択してください。

A. 一般的には組織ごとに異なるデータセンターを利用する

B. 利用者が同一の組織に限定される

C. 一般的にはマルチテナントで提供される

D. 複数の実装モデルを組み合わせて利用する

問題2. ➡解答 p.56

プライベートクラウドの特徴として、正しいものを選択してください（2つ選択）。

A. 一般的には組織ごとに異なるデータセンターを利用する

B. 利用者が同一の組織に限定される

C. 一般的にはマルチテナントで提供される

D. 複数の実装モデルを組み合わせて利用する

問題3. ➡解答 p.56

ハイブリッドクラウドの特徴として、正しいものを選択してください。

A. 一般的には組織ごとに異なるデータセンターを利用する

B. 利用者が同一の組織に限定される

C. 一般的にはマルチテナントで提供される

D. 複数の実装モデルを組み合わせて利用する

問題4.　　　　　　　　　　　　　　　➡解答　p.56　

すでに大規模なデータセンターを利用している組織があります。この組織が新たに追加するITリソースをできる限りコストを抑えた形で実装したいと考えています。経営陣はCapExが現状よりもできるだけ増加しない案を求めています。どの実装モデルを提案しますか？

A. ハイブリッドクラウド
B. プライベートクラウド
C. パブリッククラウド
D. どれでもない

問題5.　　　　　　　　　　　　　　　➡解答　p.57　

パブリッククラウドを選択する際の理由として、適切なものを選択してください。

A. セキュリティを自組織独自のものにしたい
B. 自組織のデータセンターを廃止したい
C. 自組織内の新しいデータセンター創設したい
D. OpExをできる限り圧縮したい

問題6.　　　　　　　　　　　　　　　➡解答　p.57　

新しく個人向けのサービスを提供する予定の企業があります。セキュリティを重視しているため、お客様の情報を完全に自社でコントロールしたいと考えています。どの実装モデルが適切でしょうか？

A. パブリッククラウド
B. コミュティクラウド
C. プライベートクラウド
D. マルチクラウド

解答・解説

問題1.　　　　　　　　　　　　　　　　　　　　　　　➡問題　p.54

解答　　C.

解説

　パブリッククラウドは、原則マルチテナントで提供されます。また、データセンターも複数の企業でクラウド事業者のデータセンターを共有します。現在は一部シングルテナントでの提供も存在します。

問題2.　　　　　　　　　　　　　　　　　　　　　　　➡問題　p.54

解答　　A、B.

解説

　プライベートクラウドは、利用者が同一の組織に限られます。また、異なる組織間でデータセンターを共有することはないため、個別のデータセンターを利用します。

問題3.　　　　　　　　　　　　　　　　　　　　　　　➡問題　p.54

解答　　D.

解説

　ハイブリッドクラウドは、4つの実装モデルの中で特殊な位置づけです。実装モデルを組み合わせて利用することで、それぞれのメリットを活かす実装モデルです。一般的には、プライベートクラウドとパブリッククラウドを組み合わせるパターンとなります。その場合、プライベートクラウドは、社内環境を指すこともあるため、社内あるサーバールームのシステムとパブリッククラウドを組み合わせるときもマイクロソフト社の見解では、ハイブリッドクラウドと呼ぶことがあります。

問題4.　　　　　　　　　　　　　　　　　　　　　　　➡問題　p.55

解答　　A.

解説

自組織のリソースを有効活用することと、追加のリソースのみクラウド化することで、無駄なコストを掛けずにシステムの増強が可能となります。**ハイブリッドクラウド**を選択することで、オンプレミス環境とパブリッククラウドを組み合わせて利用します。パブリッククラウドの実装モデルだけを選択すると、オンプレミス環境の移行が発生するため余計なコストが発生する可能性があるため適切ではありません。

問題5.　➡問題　p.55

解答　B.

解説

パブリッククラウドを利用することで、PaaSやIaaSを組み合わせて自組織内のITシステムを可能な範囲でクラウド移行することが可能です。最終的にはすべてのシステムを移行することも可能です。**OpEx**は運営費となるため、パブリッククラウドを利用すると、増加する可能性があります。セキュリティ面や新しいデータセンターを創設は、一般的にプライベートクラウドでの実現方法やメリットになります。

問題6.　➡問題　p.55

解答　C.

解説

セキュリティを重視する点と自社で情報を完全にコントロールするためには、**プライベートクラウド**を利用する必要があります。

パブリッククラウドでは、データの保存場所を物理的に指定はできないため、データを保存・利用することはできますが、どこに保存するかまでは指定できません。そのため法令遵守のためにデータの場所を特定できるようにするなどの対処を実施したい場合は、プライベートクラウドでないと実現が難しくなります。

ただし、ハイブリッドクラウドを利用すると、上記のような法令遵守のためのデータをプライベートクラウドに置きつつ、それ以外のシステムをパブリッククラウドに置くことで、パブリッククラウドの利点も活用することが可能となります。

2-4 クラウドで提供されるサービス

NISTが定義しているクラウドのサービスモデル(Services Models)について学習します。クラウド事業者がITシステムをどの程度提供するかの度合いに応じて3つの種類が存在します。

1 クラウドのサービスモデル

2-1節で紹介した通り、クラウドにはシステムの提供度合いによって3つのサービスモデルが存在します。このサービスモデルは利用者がクラウドを選ぶ上での観点としても重要な項目となります。モデルによって利用者に掛かる運用負荷や、技術的なスキルの必要性が異なります。

(1) サービスモデル名

サービスモデルの名前は「○○ as a Service」と呼ばれ、利用者に提供するコンポーネント（もの）により3つの名前が定義されています。名称は省略される形でアルファベット1~2文字を先頭に次のように表記されます。

表記方法：「○aaS」もしくは「○○aaS」

・Software as a Service（SaaS）

ソフトウェアの機能をサービスとして提供します。

・Platform as a Service（PaaS）

プラットフォームをサービスとして提供します。

・Infrastructure as a Service（IaaS）

インフラストラクチャ（ハードウェア環境）の利用をサービスとして提供します。

それぞれのくわしい紹介は、次の項から述べていきます。

(2) さまざまなサービスモデル

サービスモデルの頭文字には、A～Zまでの多くのアルファベットが利用されることがあります。しかし、NISTが定義したものは3つのみであり、それ以外のものはセールス用に作られたものであり注意が必要です。

たとえば、「BaaS」と呼ばれるサービスモデルは「Backup」と「Backend」の２つの意味で利用される場合があります。

> 【例】Azureでは、モバイルデバイス用のアプリケーションをサポートするクラウドを「Mobile Backend as a Services」（MBaaS）と呼んでいます。

2

多くの人の共通認識としては、基本の３つのサービスモデルを理解することが重要です。

（3）サービスモデルの選択

組織のニーズ、状態に応じて、サービスモデルを選択します。オンプレミス環境と比較してクラウドを選択する場合は、サービスモデルを組み合わせて利用することでコスト、柔軟性、スケーラビリティなどを調整することが可能となります。

2 Software as a Service（SaaS）

SaaSは、ソフトウェアの機能を提供するクラウドです。利用者はSaaSを利用することで、アプリケーションの機能のみをクラウド事業者からレンタルします。ハードウェアやOSといったITシステムを動作させるために必要な「基盤（インフラストラクチャ）」を一切手元に持つことなく、必要なソリューションが展開できるため自社のビジネスだけに集中できます。

（1）SaaSの利用イメージ

SaaSは、ハードウェア資源を含めたすべてのITシステムリソースをクラウド事業者が提供します。利用者は、インターネットに接続可能なクライアントコンピューターを用意するだけですぐに必要アプリケーションを利用できます。

▼SaaS

(2) SaaS選択のポイント

　組織に専任のIT担当者がいない、置くことができない場合は、SaaSの選択を考えます。また、SaaSはコストメリットが出しやすく、非常に多くのクラウドサービスが展開されています。

　しかし、ソフトウェアを含めたすべての項目をクラウド事業者が提供するため、カスタマイズ性に欠ける可能性あります。

　たとえば、基幹系の業務に利用したいSaaSを選択する場合は、自社の業務フローにあったSaaSを選定し、細部の動きなどが現状の業務フローに合わない場合は、業務フローをSaaSの仕組みに合わせるなど柔軟な対応が利用者側に求められます。SaaS側を変更する場合は、別途コストが発生することがほとんどです。

(3) 具体的なSaaS

　Microsoft 365 (Office 365)、Salesforce、Google Workspaceなどが存在します。契約をするだけで、インターネットを通してメール・オンライン会議・CRM系のアプリケーションを利用して業務を効率化できます。

3 Platform as a Service (PaaS)

　PaaSは、アプリケーションを動作させるプラットフォームを提供するクラウドです。利用者は、アプリケーションやデータを準備して、クラウド上に展開することで、アプリケーションやミドルウェアを利用可能となります。SaaSと比較してアプリケーション部分を自由にカスタマイズできる利点とハードウェアを準備せずに素早くサービスを展開できる利点があり、近年注目度が向上しています。

(1) PaaSの利用イメージと利点

　SaaSと異なり、利用者はアプリケーションやデータを自前で用意する必要があります。オンプレミス環境で利用していたアプリケーションを利用することも可能です。また、データベースやWebといった特定用途に向けたミドルウェアをクラウド利用する際にも、PaaSを利用すると運用負荷を抑えながらITシステムを利用可能となります。

▼PaaS

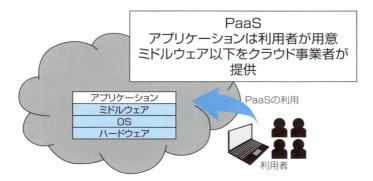

■アプリケーション実行環境としてのPaaS

クラウド上に企業独自のアプリケーションやデータを導入して、オンプレミス環境のサーバーをクラウドに移行することが可能となります。また、アプリケーション開発・販売を行う組織が、アプリケーションをPaaS上に展開し、他の組織にそのアプリケーションをサービスとして販売する方式も存在します。近年のスマートフォンアプリなどは、この形での提供が非常に多くなっています。

■アプリケーション開発環境としてのPaaS

上記アプリケーション実行環境としてPaaSが利用されるため、開発環境をPaaS上に用意することで、シームレスにアプリケーションの公開・更改が可能となり、開発サイクルを高速・高密度にすることが可能です。

■機能強化としてのPaaS

現在PaaSにはさまざまな製品が登場しており、既存サービスの機能強化に使うことも可能です。認証、AI、ビックデータ、分析など、数多くのPaaSが存在します。

(2) PaaS選択のポイント

SaaSと比較すると、ミドルウェアやOSの初期設定作業やアプリケーションの管理が必要となるため、専任の管理者が必要となります。クラウド事業者の管理ツールを利用することで、運用管理の負荷を軽減することは可能です。

また、アプリケーションに関しては、利用者側に管理責任があるため、セキュリティ更新などは独自に対応する必要があります。

■OSとミドルウェアについて

　基本的なセキュリティ、バージョンアップ作業などは、すべてクラウド事業者が提供します。ただし、初期設定（基本的な構成情報など）は、自分でセットアップが必要な場合もあります。また、アプリケーションの構成変更に伴って、基本的な構成情報を更新する必要などがあります。

■アプリケーション、データについて

　すべて利用者側で管理が必要です。特に、セキュリティ更新などの重要な作業は、運用を設計し日々の管理が必要となるため、専任の管理者がいることで安定した運用が可能となります。SaaSと比較すると、この部分はオンプレミス環境と同様の管理が必要となるため、PaaS利用時の注意点となります。

(3) 具体的なPaaS

　ここからは、本書籍の主題であるAzure系のサービスを例として紹介します。各サービスの詳細は3章以降で紹介します。

■App Service

　WebサーバーのPaaSです。かんたんにWebサイトやアプリケーションが公開できます。

■Azure SQL Database

　データベースサーバーのPaaSです。データを用意すればかんたんにリレーショナルデータベースを公開可能です。他のPaaSやIaaSと組み合わせて利用します。

■Azure AI

　AI機能を提供するPaaSです。データや学習モデルの開発・運用が可能です。目的に応じて以下のようなサービスが存在します。

・Azure Cognitive Services
・Azure Machine Learning

■サーバーレス

　サーバー環境を持たずに、アプリケーションを公開するだけで、すぐにWebシステムなどが構成可能です。目的・規模に応じて以下のようなサービスが存在します。

・Functions
・Azure Kubernetes Services
・（App Service）

4 | Infrastructure as a Service（IaaS）

IaaSは、ハードウェア資源を仮想化し、貸し出すことでITシステムに必要な基盤を提供するサービスです。IaaSは基盤部分をクラウド事業者が提供するため、利用者はOS、ミドルウェアの選択と、アプリケーションやデータの用意と、それぞれの運用・保守・管理をすべて自前で行う必要があります。

（1）IaaSの利用イメージ

オンプレミス環境で最も時間が掛かり、煩雑な作業であるハードウェアの管理が一切必要なくなるため、システム部門などの仕事を大幅に軽減します。その結果、組織のビジネスに直結した業務のITシステム化作業などに、システム部門の人員を集中できるようになります。

ただし、IaaSはオンプレミス環境と比較すると、ハードウェアの管理作業がなくなるのみで、通常のITシステムの運用に必要な運用・保守・管理は必須となります。したがって、専門性を持った専任の担当者が必須となります。

▼IaaS

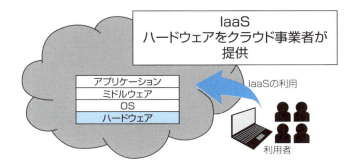

■サーバー（コンピューター）について

仮想マシンと呼ばれる仮想的なハードウェアを利用してサーバーを構成します。詳細は3章以降に紹介しますが、OSの選択、ミドルウェア・アプリケーションのインストールなどを行い、通常のサーバーと同様に利用することが可能です。

一般的な管理作業は、リモート管理ツール（RDPやSSH）を利用してインターネットを介してリモートから各種サーバーを管理します。通常のデスクトップ

画面やコンソール画面が転送され、自身のPCなどで確認できるため、目の前に
サーバーがあるかのように操作が可能です。

■ネットワークとストレージについて

　仮想マシンと同様に、ネットワークやストレージもすべて仮想的なリソースが
用意されます。クラウド上に仮想ネットワークを構成することや、データ保存用
の仮想ハードディスクなどを用意し、データの転送や保存が可能です。

(2) IaaS選択のポイント

　IaaSは最も柔軟性の高いクラウドソリューションです。好きな環境をすべて準
備できるため、社内のシステムを丸ごとクラウド化することも可能となります。
Azureのようなメガクラウドを利用すると、豊富なリソースプールを利用して小
規模～大規模のシステムを容易に組み上げることが可能です。しかし、運用負
荷に関しては、オンプレミス環境と同等の作業が必要となるため、十分な検証と
準備が必要となります。

　一般的に社内システムをクラウドに置き換える場合は、SaaS⇒PaaS⇒IaaS
の順番に検討を進めます。安易にIaaSを選択すると、移行の費用と日々の運用
費、さらにクラウドの利用料という形でコスト負担が大きくなる可能性も考えら
れます。十分な検討を行った後に利用することが大切です。

■OSとミドルウェアについて

　Azureでは、IaaSの仮想マシンを利用するときは、OSを選択します。自分で好
きなOSをインストールするのではなく、あらかじめ用意されたイメージ（ひな形
のようなもの）を使いOSを準備します。詳細は3章で紹介します。ミドルウェア
も上記と同様の利用法が可能ですが、OSのみのイメージを用意して自身で好き
なミドルウェアをインストールすることも可能です。

(3) 具体的なIaaS

　ここからは本書籍の主題であるAzure系のサービスを例として紹介します。各
サービスの詳細は3章以降で紹介します。

■Azure Virtual Machines（仮想マシン）

　IaaSの代表サービスです。仮想的なサーバーを提供します。OSの選択と合わ
せてサイズ※を選択することでサーバーのスペックを決めることができます。高
い伸縮性によって大規模のサーバーから小規模なものまで幅広く準備をすること
が可能です。

※　サイズ：CPU数、メモリサイズ、ネットワーク、ディスク数などさまざまな構成が選択可能。

■ディスクとストレージ、ネットワーク

単体での利用ではなく、仮想マシンやPaaSサービスと組み合わせてネットワークやディスクが利用できます。

- Container Storage（Blob）
- Disk Storage
- File Storage
- Virtual Network
- VPN Gateway
- Virtual Network peering

5　クラウドにおける共同責任

サービスタイプに応じて、利用者とクラウド事業者で対応すべき責任の範囲が異なります。また、状況に応じていくつかの構成は双方で責任を共有することも必要となります。

（1）責任の分担

オンプレミス環境では、ITシステムのすべての要素を組織が管理するため、すべての責任がその組織にありました。しかし、クラウドの利用ではサービスタイプに応じて利用者が管理する部分と、クラウド事業者が管理する部分、共同で管理する部分に3区分に責任を分けることが必要となります。

▼クラウドの責任範囲と責任分担

リソース	SaaS	PaaS	IaaS	オンプレミス
データ	利用者	利用者	利用者	利用者
アクセス端末	利用者	利用者	利用者	利用者
接続アカウント	利用者	利用者	利用者	利用者
認証基盤	共同	共同	利用者	利用者
アプリケーション	クラウド	共同	利用者	利用者
ネットワークアクセス・制御	クラウド	共同	利用者	利用者
OS	クラウド	クラウド	利用者	利用者
物理ホスト（仮想化ホスト）	クラウド	クラウド	クラウド	利用者
物理ネットワーク	クラウド	クラウド	クラウド	利用者
データセンター	クラウド	クラウド	クラウド	利用者

演習問題2-4

問題1. ➡解答　p.69

以下のシナリオ読み、対応策が妥当かを答えてください。

社内に多くのサーバーを抱える組織がAzureへの移行を考えています。この組織ではWebシステムを利用しており、自社オリジナルのアプリケーションをホストしています。

対応策：App Serviceを利用してシステムを移行する。

A. はい
B. いいえ

問題2. ➡解答　p.69

SaaSで利用者が構成する項目を選択してください。

A. OSのIPアドレスの変更
B. メールシステムの高可用性の構成変更
C. メールシステムのミドルウェアの変更
D. メールアドレスのドメイン名の変更

問題3. ➡解答　p.70

App Serviceを利用予定です。以下の項目に解答してください。

内容：OSの設定変更ができる。

A. はい

B. いいえ

問題4. ➡解答 p.70

App Service を利用予定です。以下の項目に解答してください。

内容：利用中に自動的にOSが更新される。

A. はい
B. いいえ

問題5. ➡解答 p.70

App Service を利用予定です。以下の項目に解答してください。

内容：Webアプリケーションは自動的に更新される。

A. はい
B. いいえ

問題6. ➡解答 p.70

スタートアップの組織が、メールなどの機能を利用したいと考えています。適切なクラウドのサービスタイプはどれですか？

A. PaaS
B. IaaS
C. SaaS
D. MBaaS

問題7. ➡解答　p.71

以下の説明文に対して、はい・いいえで答えてください。

　ある組織では、サーバールームにある基幹アプリケーションをAzureに移行予定です。計画済みの移行プランでは、仮想マシンを利用して基幹アプリケーションを移行するつもりです。移行チームはSaaSを利用しようと考えています。移行チームの計画は適切ですか？

　A. はい
　B. いいえ

問題8. ➡解答　p.71

以下の内容を読んだ上でアンダーラインの部分が適切かどうかを確認し、不適切な場合は修正項目を選んでください。

　1000台のサーバーを保有する組織がクラウドへの移行を考えています。サーバーの保守作業を軽減しつつ、アプリケーションなどのカスタマイズが可能な環境を利用するためIaaSの採用を考えています。理由は、<u>OSのセキュリティ更新の必要がなく手軽であると</u>考えているためです。

　A. ミドルウェアのセキュリティ更新が不要で手軽であると
　B. OSの管理・構成変更も可能であると
　C. アプリケーションの管理も不要であると
　D. 適切なので変更の必要なし

問題9. ➡解答　p.71

IaaSの特徴で間違っているもの選択してください。

　A. アプリケーションの更新作業などは利用者が行う

B. OSの更新作業は利用者が行う

C. 仮想マシンにアクセスする端末のセキュリティ更新は利用者が行う

D. 仮想化ホストの管理は利用者が行う

2

問題10.   ➡解答　p.72　

　アプリケーションを開発している組織があります。新しくWebアプリケーションを開発します。機能拡張やコスト面からクラウドの利用を考えています。どのサービスタイプが適切ですか？

A. PaaS

B. IaaS

C. IDaaS

D. SaaS

解答・解説

問題1.   ➡問題　p.66

解答　　A.

解説

　App ServiceはPaaSに該当するため、組織がオリジナルのアプリケーションを配置して利用することができます。

問題2.   ➡問題　p.66

解答　　D.

解説

　SaaSであるため、利用者が変更できる構成は非常に少ないです。一般的には独自のメールアドレスを利用できるようにするために、メールアドレスのドメイン名の変更は可能です。しかし、OS、ミドルウェアに関する変更や、ハードウェアに関連する高可用性の設定は、変更できない場合が大半です。

問題3. ➡問題　p.66

解答　B.

解説

App ServiceはPaaSであるため、OSは設定変更不可です。

問題4. ➡問題　p.67

解答　A.

解説

App ServiceはPaaSであるため、OSを含めたミドルウェアであるIIS※なども併せて更新が行われます。

※　IIS（インターネットインフォメーションサービス）：Windows Serverに標準搭載されるWebサーバーのミドルウェア。

問題5. ➡問題　p.67

解答　B.

解説

Webアプリケーションは、PaaSの場合は利用者自身で管理が必要になるため、セキュリティ更新などの更新作業は利用者が行います。アプリケーションの更新が不要なサービスタイプはSaaSです。

問題6. ➡問題　p.67

解答　C.

解説

PaaSやIaaSは、スタートアップ企業の場合、専任のエンジニアが配置できないため、利用が難しい場合が多いです。さらにメールのような汎用的なITシステムはカスタマイズの必要性が低いため、SaaSでの利用が一般的です。

2

問題7.
➡問題　p.68

解答　　B.

解説

　SaaSは、アプリケーションを含めたすべてのITインフラストラクチャをクラウド事業者が提供します。したがって、自組織で、すでに利用中のアプリケーションを利用できません。IaaSであれば、自由度が最も高いため、このソリューションに適切です。PaaSも、基幹アプリケーションの実行環境が対応していれば、移行が可能です。

問題8.
➡問題　p.68

解答　　B.

解説

　IaaSであるため、OS部分の管理も可能です。そのため、OSセキュリティ更新は管理作業として必須です。OSの管理が不要なサービスタイプは、SaaSとPaaSとなります。SaaSはアプリケーションまですべてクラウド事業者が管理します。PaaSはOSもしくはミドルウェアまでをクラウド事業者が管理します。

問題9.
➡問題　p.68

解答　　D.

解説

　IaaS環境では、物理ホストよりも上位階層のITコンポーネントはすべて利用者が管理する必要があります。また、仮想マシンなどをリモートから管理するためのアクセス端末や、IaaS環境上で動くアプリケーションにアクセスするクライアント端末も、利用者が管理する必要があります。しかし、物理ホストや仮想化用の仕組みは、クラウド事業者が責任を持って管理する必要があります。

演習問題

71

問題10.

➡問題　p.69

解答　A.

解説

　アプリケーションの開発環境に適したサービスタイプはPaaSとなります。PaaSを利用することでアプリケーションの作成から公開までをすべてクラウドで完結させることができます。

　また、機能拡張についてもクラウド事業者が提供している認証、AI、データベースといったさまざまなPaaSと連携することで、すぐに新しい機能を追加することが可能です。

　IaaSでもアプリケーションの開発は可能ですが、OSの管理が必要となるためアプリケーションの開発だけに集中することができません。通常のOSの運用も必要となるためPaaSの選択がより適切だと考えられます。

　SaaSはアプリケーションの開発ではなく、アプリケーションを利用するクラウドです。IDaaSは、認証基盤を提供するクラウドです。サービスタイプの一種ではなく、クラウドを売る際のセールス用の用語となります。

第3章

コアAzureサービス

Azureアーキテクチャコンポーネント

Azureのアーキテクチャについて学習します。また、Azureを構成する要素や基本となる用語について理解を深めます。

1 サブスクリプション

Azureの利用に必要となる要素にサブスクリプションがあります。また、サブスクリプションはAzure利用時の論理的な境界としても機能します。基本的にサブスクリプションは契約との単位として利用され、リソースの利用量やアクセス制御の分離に利用することができます。

(1) Azure利用時のアカウント

サブスクリプションは、1つのAzure AD※にリンクされます。Azure AD上のユーザーアカウントを利用してAzureにサインインが可能です。

MicrosoftアカウントでもAzureを利用することは可能ですが、その場合はサブスクリプション購入時に作成されたAzure AD上にMicrosoftアカウント関連付いたAzure ADユーザーが作成されます。

▼サブスクリプション

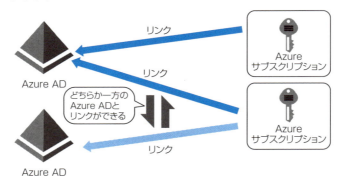

※　Azure ADはAzureにサインインするためのアカウントが保存されている領域です。くわしくは第5章で紹介があります。

（2）複数のサブスクリプション

　サブスクリプション毎に課金とセキュリティが分離されます。したがって、組織内で請求を分けたい場合は、サブスクリプションを複数持つことでサブスクリプション毎に請求を分けることが可能です。また、部門やグループ別にアクセス制限などを完全に分離したい場合もサブスクリプションを分けることで実現が可能です。

3

（3）有償・無償のサブスクリプション

　サブスクリプションには有料・無料のプランがあります。無料のサブスクリプションは、一定期間Azureを無料で利用できます。

詳細

https://azure.microsoft.com/ja-jp/free/

　無料のプランは、無料期間終了後に有料プランに切り替えることで引き続きAzureを利用することが可能です。無料プランで利用していたAzureリソースをそのまま引き継ぐことが可能です。

2　リージョン

　リージョンとは、Azureのデータセンターを1つ以上含む高速なネットワークで接続された一連のデータセンターを指します。また、リージョンはAzure地域に含まれます。Azure地域とは、独立したマーケットを意味します。たとえば、日本が1つの地域となっています。日本には東日本リージョンと西日本リージョンが含まれます。

（1）全世界に広がるAzureのデータセンター

　Azureのデータセンターは全世界に展開されており、200か所以上の物理的なデータセンターで構成されています。また、各リージョンに分類され大規模なネットワークで接続されています。

参考　**Azure地域**

https://azure.microsoft.com/ja-jp/global-infrastructure/geographies/

---

(2) リージョンの利用

　Azureで行う作業のほとんどはリージョンの選択を必要とします。ITリソースをAzure上に構成するときに、最終的にはどこかのデータセンター上にリソースが作成されるため、リージョンを指定して作成する必要があります。

　リージョン利用時の注意点を以下にまとめます。

・サービス利用時にはリージョンの選択する
・リージョンにより使えるサービスやサービスのオプションが異なる
・一部のサービスはリージョンに依存しません（Azure DNSなど）

(3) 特殊なリージョン

　通常のリージョンは、マイクロソフトと契約することで誰でも利用すること可能です。しかし、一部のリージョンは利用者が限定される場合や、データの管理方法が特殊な場合が存在します。6-3節「2 Azureソブリンリージョン」でくわしく紹介します。

■Azure Government

　アメリカ政府向けのリージョンです。アメリカ政府とその関係組織のみが利用可能です。

> **詳細**
> https://azure.microsoft.com/ja-jp/global-infrastructure/government/

■Azure China

　中国の法人が利用できるAzureです。また、マイクロソフトが直接運営するデータセンターではなく21Vianetが運営を行います。

> **詳細**
> https://docs.microsoft.com/ja-jp/azure/china/overview-operations

■Azure Germany

　ドイツのデータプライバシー規則に不可欠である世界クラスのセキュリティとコンプライアンスサービスを使用したリージョンです。Microsoft Azureの物理的

に独立したインスタンスで構成されます。

なお、Azure Germanyは2021年10月29日をもって終了します（予定）。

> **詳細**
> https://docs.microsoft.com/ja-jp/azure/germany/germany-welcome

3

（4）リージョンペア

Azureの高可用性を維持するための手法として、各リージョンがペアとして構成されています。ペアになったリージョンは待機時間の短いネットワークで接続され、さまざまなサービスの可用性向上に利用されます。基本的には同一のAzure地域のリージョンがペアになります。したがって、ペアとなるリージョンは、利用者が選択できるものではありません。また、Azureのサービスはペアでないリージョン間でも高可用性の設定ができるサービスもあります。

以下にリージョンペアの一部を抜粋して紹介します。

▼リージョンペア

リージョンペアA	リージョンペアB
東日本	西日本
東アジア	東南アジア
米国東部	米国西部
米国東部2	米国中部
英国西部	英国南部

> **詳細**
> https://docs.microsoft.com/ja-jp/azure/best-practices-
> availability-paired-regions

3 リソースグループ

　Azureで利用するさまざまなサービスは、すべてリソースとして取り扱われます。そのリソースを管理・整理するためにグループ化することができるものを**リソースグループ**と呼びます。

(1) リソースグループの作成

　リソースグループの作成は、以下のツールから作成可能です。

・Azure Portal
・Azure PowerShell
・Azure CLI
・Azure Template や SDK

　また、リソースグループの作成は、各リソースを作成するときに同時に作ることも可能です。

▼リソースグループの作成

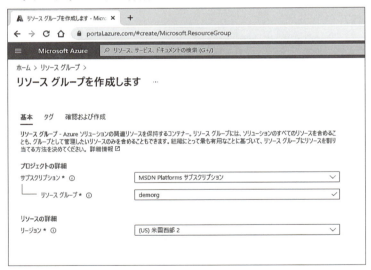

　リソースグループ作成時には、以下の3項目を必ず入力します。

・サブスクリプション名
・リソースグループ名

・リージョン名

（2）リソースグループの考慮事項

　リソースグループの作成はかんたんに行うことができます。しかし、グループの作成は、目的や役割に応じて作成をしないと不要なグループが大量にできてしまうため、注意が必要です。基本的には、リソースグループは同一のライフサイクルで運用するリソースを含めることが望ましい形です。

　また、リソースグループを削除すると、リソースグループに含まれるすべてのリソースが削除されるため、十分に注意が必要です。

　リソースグループの作成は、以下の観点で作成が可能です。

・管理のための論理的なグループ

・同一のライフサイクル

・リソース使用量の計測

・アクセス制御

・ポリシーの割り当ての範囲（Azure Policy）

■その他の考慮事項

・リソースは1つのリソースグループにのみ所属する。

・リソースの所属するリソースグループを変更することは可能。

・リソースグループに含まれるリソースは、異なるリージョンに所属することができる。

（3）リソースグループのロック（リソースのロック）

　リソースグループの削除は影響が大きいため、ロックの機能を利用すると安全にAzureが利用できます。Azureの各リソースはロックの機能を利用することで削除の防止や、リソースの変更を禁止することが可能です。アクセス許可がある場合でもロックを利用することで削除や変更を制限することが可能です。

(4) リソースグループの移動 (リソースの移動)

リソースグループに所属するリソースを移動することは可能です。また、異なるサブスクリプションにあるリソースグループに移動することも可能です。ただし、移動をする際にはリソースの関連するリソースも同時に移動する必要があるため、リソース毎の依存関係を事前に確認することが重要です。また、一部のリソースは移動に対応していません。

> **詳細**
> ・**リソースを新しいリソースグループまたはサブスクリプションに移動する。**
> https://docs.microsoft.com/ja-jp/azure/azure-resource-manager
> /management/move-resource-group-and-subscription
> ・**リソースの操作のサポートの移動**
> https://docs.microsoft.com/ja-jp/azure/azure-resource-manager
> /management/move-support-resources

4 管理グループ

サブスクリプションをまとめてグループ化し、ポリシー設定などを一元化したい場合は、管理グループを利用することが可能です。管理グループを利用することでサブスクリプションのグループ化が可能となります。

(1) 単一の組織でサブスクリプションの複数利用

サブスクリプションを複数保持する組織では、多くの場合、コンプライアンス、ポリシー、アクセスなどを一元的に管理することが必要とされます。管理グループを利用することで、サブスクリプションをグループ化し、一元的な管理を提供することが可能です。

(2) 管理グループの階層構造

管理グループを利用するときには、自動的にルート管理グループが作成され、すべての管理グループは、ルート管理グループにネストされた形で作成されます。以下のような形で管理グループを構成可能です。

▼管理グループの構成例

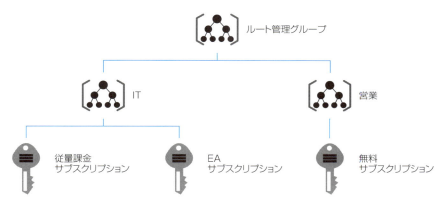

　各管理グループにコンプライアンスやポリシーなどの設定が可能です。また、ユーザーに対して、複数のサブスクリプションへのアクセス許可を与えたい場合は、管理グループに必要なAzureへのアクセス許可を与えることで、管理グループに含まれるすべてのサブスクリプションへのアクセス許可を、ユーザーに与えることが可能です。

(3) 管理グループ利用時の考慮事項

　管理グループの利用時には、利用するすべてのサブスクリプションが同一のAzure AD（ディレクトリ）を利用している必要があります。また、以下に注意点を列挙します。

・管理グループの最大数は10,000個（1万個／1ディレクトリ）

・管理グループの階層は最大6階層まで

・1つの管理グループは1つの管理グループにのみ所属可能

　※管理グループの持つ親は1つのみ

・1つの管理グループに含まれる管理グループは複数所属可能

　※管理グループの子は複数可能

3

5　高可用性の実現

　Azureでシステムを停止させないための可用性のオプションは、いくつかの方法が用意されています。ここでは、そのうち代表的な**可用性セット**と**可用性ゾーン**について学習します。これらのオプションを利用することで仮想マシンの稼働率の向上や、各種サービスの稼働率を大きく向上することが可能です。

（1）可用性セット

　Azureの仮想マシンの可用性を高めることが可能です。具体的には、2台の仮想マシンを同一の可用性セットに含めることで稼働率を高めることができ、Azure SLAが**99.95％**になります。SLAについては第7章でくわしく紹介しますが、Azureでの稼働率などを含めたサービスレベルの規定がまとめられたものをAzure SLAと呼んでいます。

　可用性セットは、障害ドメインと更新ドメインを用いて、同一の機能を持った仮想マシンをグループピングすることで、同一のAzureのデータセンター上で物理的な仮想マシンの配置を調整します。

　たとえば、2台の仮想マシンをグループピングし、物理的なサーバー上に仮想マシンがデプロイ（展開）されることで、物理的なマシン停止が発生しても同時に2つの仮想マシンが停止しないような仮想マシンの配置を実現します。

▼可用性セット

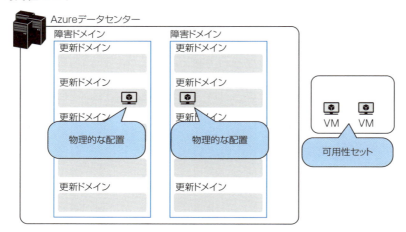

■障害ドメイン

　障害ドメインは、Azureデータセンター上の1つのラックだと考えるとイメージがしやすいです。ラックは複数の仮想化サーバーが配置され、同一のネットワークと電源を共有します。このラックを1つの障害ドメインとして構成し、異なる障害ドメインに仮想マシンを配置することで、データセンター内の物理的な障害に対応することが可能です。

■更新ドメイン

　更新ドメインは、ラックの中にある1つの物理的な仮想化サーバーを指します。1台の仮想化サーバー上には多くの仮想マシンを構成可能です。仮想マシンを異なる更新ドメインに配置することで、仮想化サーバーの故障やメンテナンスが発生した場合にもサービスを提供し続けることが可能となります。

　可用性セットを構成する場合は、障害ドメインと更新ドメインの数を指定することで、その範囲内にバランスよく仮想マシンを自動配置して稼働率を高めることが可能です。

【例】
障害ドメイン：2　更新ドメイン：4
可用性セットに5台の仮想マシンがある場合

▼可用性セットの構成例

（2）可用性ゾーン

　Azureのさまざまなサービスの稼働率を向上させる手法に**可用性ゾーン**があります。可用性ゾーンを利用することで、Azureデータセンター全体に及ぶ大規模なトラブルが発生した場合にも、サービスを止めることなく、稼働させ続けることが可能となります。可用性ゾーンを利用すると、同一リージョン内の物理的なゾーンをまたがってサービスが構成されることで、Azureのデータセンター障害にも対応できるサービス構成が可能です。

▼可用性ゾーン

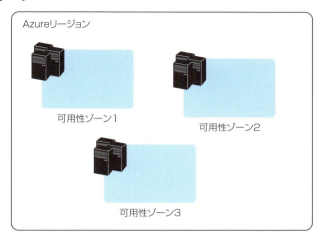

たとえば、2つ以上の可用性ゾーンに仮想マシンを配置することで**99.99%**の稼働率に向上させることが可能です。

| 補足 | **現在の可用性ゾーンの範囲について** |

本稿では、可用性ゾーンを便宜的に1つのデータセンターと紹介しましたが現在のマイクロソフトの紹介は若干異なります。以下のように紹介しています。

・可用性ゾーンは、Azure リージョン内の一意の物理的な場所で、それぞれのゾーンは、独立した電源、冷却手段、ネットワークを備えた1つまたは複数のデータセンターで構成されている。
・回復性を確保するため、有効になっているリージョンには、いずれも最低3つの可用性ゾーンが別個に存在している。
・可用性ゾーンは1リージョン内で物理的に分離されているため、データセンターで障害が発生した場合でもアプリケーションとデータを保護できる。

| 詳細 |

https://docs.microsoft.com/ja-jp/azure/availability-zones/az-overview

6 ARM（Azure Resource Manager）

　Azure Resource Manager とは、Azureを利用する上で利用者とAzure上のシステムを結ぶ、ユーザーインターフェースの提供をサポートする**Azureの管理基盤**を指します。実際にARMを利用することでかんたんにAzure上の操作が可能となりAzureのインフラストラクチャの一貫性を保持しています。

（1）関連用語

　ARMには、Azureのアーキテクチャを理解する上で重要な用語がいくつかあります。

■リソース

　Azureのものを指します。Azure上で作成したすべてのサービスや構成はリソースとして管理されます。

■リソースグループ

　リソースを論理的なグループとしてまとめます。アクセス制御の範囲やリソースの整理に利用できます。3つ前の「3.リソースグループ」で紹介しています。

■リソースプロバイダー

　Azureのリソースを提供するサービスです。たとえば、仮想マシンを提供するリソースプロバイダーは「Microsoft.Compute」です。

■リソースマネージャーテンプレート

　ARMを利用して、リソースを作る際の雛型です。JSON※と呼ばれる記述形式で書かれており、一貫した形で同じリソースを繰り返し作成することが可能となります。大規模な環境などで繰り返し同じ作業をする際や、似たシステムを異なる組織で利用する際など、再利用性を高める効果があります。くわしくは第4章で紹介します。

※　JSON（JavaScript Object Notation）：構成ファイルの一種。さまざまなITシステムで利用される構成情報をやり取りするための記述形式。

（2）ARMのイメージ

　ARMは利用者からすると直接目に見える働きをしていませんが、Azure全体の一貫性の保持と、利用者の利便性確保に大きく貢献しています。

▼Azure Resource Manager

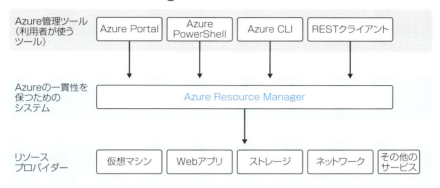

演習問題3-1

問題1. ➡解答 p.92

次の説明文に対して、はい・いいえで答えてください。

　ある組織では、セキュリティ上の理由から複数のサブスクリプションを購入し部門毎に割り当てを行いました。管理者を分ける目的でサブスクリプションを複数購入することは適切でしょうか？

　A. はい
　B. いいえ

問題2.

➡解答　p.92　

次の説明文に対して、はい・いいえで答えてください。

　複数のサブスクリプションを所持している組織があります。同じユーザーが管理するリソースがあり、リソースグループでまとめて管理をしようと考えています。異なるサブスクリプションに存在するリソースを1つのリソースグループにまとめることで管理をしようと考えています。可能でしょうか？

　A. はい
　B. いいえ

問題3.

➡解答　p.92　

　多くのリソースを含むサブスクリプションを利用する組織があります。現状でリソースの制限などに問題は発生していません。複数の管理者でリソースを管理しています。アクセス許可の観点からリソースを整理して管理しようとしています。すべてのリソースが管理できる管理者と個別のシステムを管理する管理者に分けて運用を行う予定です。
　一番手軽で適切な方法を選択してください。

　A. リソースグループを利用して、リソースを整理する
　B. サブスクリプションを追加して、リソースを整理する
　C. 管理グループを利用して、リソースを整理する
　D. リソースに個別にアクセス許可を設定する

問題4.

➡解答　p.93　

　コンプライアンスの問題から、すべてのAzureの利用者に特定のリージョンだけを利用できるというポリシーを作成しました。この組織が複数のサブスクリプションを持っている場合、効率的にこのポリシーを運用するには何を利用しますか？

A. リソースグループ

B. サブスクリプション

C. 管理グループ

D. Azureデータセンター

3

問題5.

➡解答　p.93　

新しい管理者のためにリソースグループの注意点をまとめました。リソースグループ注意点として適切なものをすべて選択してください。

A. リソースグループに含めることのできるリソースは同一のリージョンに存在する必要がある

B. リソースグループに含めることのできるリソースは同一のサブスクリプションに存在する必要がある

C. リソースグループに含めることのできるリソースは同一の種類のリソースである必要がある

D. リソースに同一のアクセス許可を与えたい場合は、同じリソースグループに所属させることで同じアクセス許可が与えられる

E. リソースグループを削除すると、所属するリソースもすべて削除される

問題6.

➡解答　p.94　

Azureのリソースへのアクセスと一貫した制御を提供するための仕組みを何といいますか？　以下から選択してください。

A. リソースプロバイダー

B. API

C. ARM

D. AVD

問題7. ➡解答　p.94

Azureに社内の基幹システムを移行予定です。データセンター障害が起こった際にもサービスを提供し続けられるようにサービスを構成したいと考えています。どの可用性の対応策を利用しますか？

A. 可用性セット
B. データセンター障害に対応する機能はない
C. テンプレート
D. 可用性ゾーン

問題8. ➡解答　p.94

組織内で利用率の高いサーバーをAzureに移行予定です。24時間利用をするため高い稼働率が求められています。利用する仮想マシンの稼働率を99.99%保証する必要があります。どのサービスを利用しますか？

A. 可用性セット
B. 99.99%の稼働率は保証できない
C. Premium SSD または Ultra ディスクを利用した仮想マシン
D. 可用性ゾーン

問題9. ➡解答　p.95

以下の説明文に対して、はい・いいえで答えてください。

可用性セットを利用して、仮想マシンの稼働率を高めようと考えています。初期設定の障害ドメインを2、更新ドメインを5に設定後、同一のセットに2台の仮想マシンを含めました。その後、障害ドメインを3に変更して、可用性セットに新しく仮想マシンを追加しました。
この作業で稼働率は99.99%に保証されます。

A. はい

B. いいえ

問題 10.
➡解答　p.95　

以下の説明文に対して、はい・いいえで答えてください。

あるリソースを管理上の都合から、別のサブスクリプションに移動したいと考えています。リソースを別のサブスクリプションに移動することは可能ですか？

A. はい

B. いいえ

問題 11.
➡解答　p.95　

リージョンの説明として、適切なものを選択してください。

A. Azureの契約の単位でアクセス制御やリソースの利用量に分離に利用する

B. リソースのグループ化を行いリソースに同一のアクセス制御を付与できるものである。

C. サブスクリプションのグループ化を行いポリシーの割り当てができるものである。

D. 1つ以上のデータセンターを含み高速なネットワークで接続された一連のデータセンターである。

解答・解説

問題1. ➡問題 p.87

解答　A.

解説

　セキュリティを分ける意味で、サブスクリプションを個別に購入することは可能です。リソースグループ別にアクセス制御を分けることは可能ですが、全体の管理が可能であるルートレベルの権限は、サブスクリプションを分けることで分割が可能です。

問題2. ➡問題 p.88

解答　B.

解説

　不可能です。1つのリソースグループに所属するリソースは、すべて同じサブスクリプションに所属する必要があります。また、サブスクリプションをまたがって同一の権利を与える場合は、管理グループを利用することで同一の権利を1つのユーザーアカウントに与えることが可能となります。

問題3. ➡問題 p.88

解答　A.

解説

　管理グループは、サブスクリプションを含めることが可能なものであり、複数のサブスクリプションをまとめることでアクセス許可を統一したり、コンプライアンス、ポリシーの一元化で利用します（C.は誤り）。A.、B.、D.はすべて、今回の目的を達成することが可能ですが、1つのサブスクリプションでかんたんに構成ができる方法はA.となります。

　B.は、サブスクリプションの購入とリソースの移動が必要になるため、煩雑です。D.は、リソース数が多いため、個別に設定するとA.に比べてアクセス許可の割り当てが非常に煩雑になります。

問題4.   ➡問題　p.88

解答　C.

解説

　同一のコンプライアンスやポリシーを設定したいサブスクリプションがある場合は、<u>管理グループ</u>を利用してサブスクリプションをまとめます。リソースグループやサブスクリプション単位で個別の設定をすることは可能ですが、同じポリシーなどを繰り返し与えることは効率的ではありません。

問題5.   ➡問題　p.89

解答　B、D、E.

解説

　リソースグループの特徴と考慮事項は以下の通りです。

■特徴

・管理のための論理的なグループ

・同一のライフサイクル　　　　　　　…（C.は誤り）

・リソース使用量の計測に利用できる

・同じアクセス制御を設定可能になる　…（D.は正しい）

・ポリシーの割り当ての範囲（Azure Policy）

■考慮事項

・リソースは1つのリソースグループにのみ所属する。

・リソースの所属するリソースグループを変更することは可能。

・リソースグループに含まれるリソースは異なるリージョンに所属することができる（A.は誤り）。

　また、リソースグループを削除すると、含まれるリソースはすべて削除されます（E.は正しい）。

　サブスクリプションは、セキュリティの境界となるため、異なるサブスクリプションのリソースを1つのリソースグループに含めることはできません（B.は正しい）。

問題6.

➡️問題　p.89

解答　C.

解説

　ARM（Azure Resource Manager）は、利用者に対してのアクセスと一貫した Azureのリソースを管理する、Azureの重要な基盤です。リソースプロバイダーは、 ARMが最終的にAzureの管理や制御をする際のリソース別の管理機構です。API は、アプリケーションを呼び出す際のインターフェースとして利用されます。 AVDは、Azure Virtual Desktopで、Azureを利用したWindowsのデスクトップ環境 を提供します。

問題7.

➡️問題　p.90

解答　D.

解説

　可用性ゾーンを利用すると、同一のリージョン内でデータセンター障害が起 こった場合でもサービスを継続可能となります。可用性セットは物理的なデータ センター内の障害に対応する機能です。テンプレートは同一のリソースを再作成 するときに役立ちます。

　データセンター障害に対応する機能は、可用性ゾーン以外にも、異なるリー ジョンにサービスを構成して冗長化構成をすることで対応することが可能です。

問題8.

➡️問題　p.90

解答　D.

解説

　保証される稼働率は、以下の通りです。

・可用性ゾーン　…99.99%

・可用性セット　…99.95%

・Premium SSDまたはUltraディスクを利用した仮想マシン　…99.9%

　細かな内容は以下のサイトで確認可能です。

3

問題9. →問題 p.90

|解答| B.

|解説|

可用性セットは、障害ドメインを2、更新ドメインを2に設定し、同一の可用性セットに2台以上の仮想マシンを構成することで**99.95%**の稼働率が保証されます。これ以上の稼働率を求める場合は、可用性ゾーンを利用する必要があります。

問題10. →問題 p.91

|解答| A.

|解説|

リソースを、異なるリソースグループや異なるサブスクリプションのリソースグループに移動することは可能です。さらに、異なるリージョンに移動することもリソースによっては可能となります。

問題11. →問題 p.91

|解答| D.

|解説|

リージョンは物理的なデータセンターのグループを表し、地域のいくつかのリージョンが存在します。リージョンの定義は「**Azureのデータセンターを1つ以上含む高速なネットワークで接続された一連のデータセンターを指します。**」となります。Aは**サブスクリプション**の説明です。Bは**リソースグループ**の説明です。Cは**管理グループ**の説明となります。

3-2 Azureで有効なコアプロダクト

Azureの代表的なサービスの紹介と基本的な利用方法について学習します。
また、サービス利用時の注意点についても学習します。

1 Azureコンピューティング

Azureコンピューティングは、アプリケーションやさまざまな組織のサービス
を提供するためのインフラストラクチャを提供します。CPU、メモリなどの計算
領域と他のネットワークやストレージサービスを合わせて提供することが可能で
す。

(1) Azure Virtual Machines

Azure Virtual Machinesは、WindowsやLinuxのなどの環境を手軽に仮想マシンと
して利用できるクラウドサービスです。**IaaSの代表的なサービスが仮想マシン**
です。組織内の独自アプリケーションや他のPaaSで実現できないOS機能などを含
めて利用者にカスタマイズ性豊かな環境を提供します。

仮想マシンの利用シーンには、以下のようなものが考えられます。利用シーン
に応じて他のサービスと連携することで、大きな投資効果やメリットが得られま
す。

・オンプレミスのサーバーの増強
・オンプレミス環境からクラウド環境への移行
・災害対応サイトの作成(ディザスターリカバリー)
・テスト・ラボ用の環境作成
・組織内のコスト調整(スケーリング)

■オンプレミスのサーバー増強

既存の環境に追加でサーバーを購入することなく、Azureと連携することで、
ハイブリッドクラウドをかんたんに実現できます。待機時間なしで、新しくサー
バーを追加することが可能です。

■オンプレミス環境からクラウド環境への移行

既存のサーバールームにある各種サーバー機能を、仮想マシンで代替するこ

とが可能です。最終的には社内のサーバールームを縮小・削除することも可能です。すべてをAzureのクラウド上で実現し、社内でかかる電気代やサーバーの設置場所にかかるコストを最小化することが可能です。

■災害対応サイトの作成（ディザスターリカバリー）

非常に大きなコストがかかる災害対応のサイト作成も、仮想マシンをAzure上に作成し、オンプレミスやクラウド上にあるサービスの代替サイトをAzure上に構築可能です。また、それらをサポートするサービスにAzure Site Recoveryや可用性を向上するサービスが多数存在します。

■テスト、ラボ用の環境作成

仮想マシンは、作成・削除がかんたんにできるため、テスト用の環境作成に適しています。また、ラボ環境として作成後に本番環境への移行や切り替えが容易に行えます。使用後は削除することで、使った分だけの費用で、さまざまな環境を試すことが可能です。

■組織内のコスト調整（スケーリング）

仮想マシンのスケールセットやAzure Batchを使うことで利用シーンに合わせた柔軟なスケーリングに対応可能です。

仮想マシン自体の機能として、CPU、メモリなどの容量をかんたんに変更可能です。また、Azure Virtual Machine Scale Setsを利用すると、同じ仮想マシンをシステムの状況に合わせて自動的にデプロイ※し、スケーリングが可能です。

さらに、Azure Batchを利用すると、何十、何百、何千という大規模のスケーリングが可能となり、ハイパフォーマンスコンピューティング（HPC）のバッチジョブを実行できます。

※　デプロイ：利用可能な状態にすること。deployは、「配置する」、「配備する」、「展開する」などといった意味の英語。

(2) Azure App Service

Azure Virtual MachinesでWebシステムを構成する場合は、Webシステムに特化したサービスを利用することで効率を高められます。その際は、PaaSサービスの代表格である **Azure App Service** が有効です。Webアプリの動作に特化したPaaSであり、アプリケーションをデプロイするだけで、インターネット／イントラネットの双方に向けたWebアプリケーションを、待機時間なしで公開可能です。また、他のAzureサービスと連携してデータベース、AI、セキュリティ機能をかんたんに連携できます。

▼Azure App Service

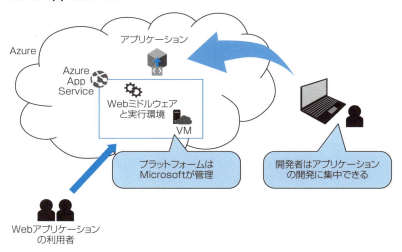

Azure App Serviceは、以下のようなアプリケーションで利用可能です。
・Webアプリケーション
・Web APIアプリケーション
・モバイルアプリ

　APIアプリケーションは、他のWebサービスに機能を提供する働きを持たせるアプリケーションのことを指し、サービスの連携などに多く利用されています。たとえば、さまざまなサイトに提供されている地図のWebアプリケーションなどは、Web APIを利用して連携しているケースが多いといえます。

(3) コンテナー

近年、アプリケーションの開発でよく利用される仕組みがコンテナーです。コンテナーを利用することで、従来の仮想マシンに利用に比べて軽量で拡張性に富んだアプリケーション作成が可能です。

仮想マシンのようにOSの管理が必要なく、アプリケーションとその実行環境を含んだコンテナーという単位でスケーリングが可能となります。開発者は、どの仮想マシンで実行されるか、インフラストラクチャを気にせずに、アプリケーションの開発とデプロイが可能となります。

▼仮想マシンとコンテナーを利用した場合の比較

仮想マシンを利用したアプリケーションの実行

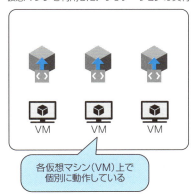

各仮想マシン（VM）上で個別に動作している

コンテナーを利用したアプリケーションの実行

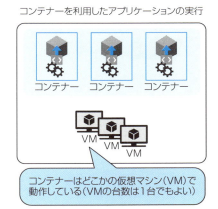

コンテナー　コンテナー　コンテナー

コンテナーはどこかの仮想マシン（VM）で動作している（VMの台数は1台でもよい）

■Azure Container Instances

Azure Container Instancesは、Azureのコンテナーサービスです。仮想マシンの準備を必要とせず、アプリケーションをコンテナーとともにデプロイすることが可能です。Azureにおいて最もかんたんに最速でコンテナーの実行が可能となります。

■Azure Kubernetes Service

Azure Kubernetes Service（AKS）は、コンテナーを実行する際に、大規模かつ自動で管理するためのサービスです。コンテナーの管理・操作などのタスクを自動化し、大量のコンテナーを管理することが可能です。このようなコンテナーの配置や操作といった作業を、自動的に動作させることをオーケストレーションと呼

びます。

▼ Azure Kubernetes Service

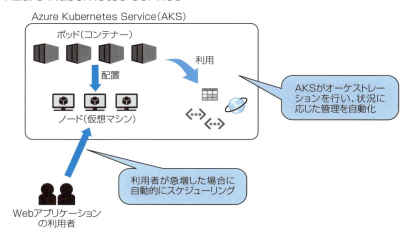

(4) Azure Virtual Desktop

Azure Virtual Desktopを利用することで、さまざま環境からAzure上にデプロイ
された仮想デスクトップ（VDI※）を利用することが可能です。また、ブラウザを
利用して仮想デスクトップへアクセスすることも可能となります。組織の一般
ユーザーや開発者に必要とされるマシン環境を物理的に用意する必要がなく、軽
量でインターネットへアクセス可能である端末さえあれば、かんたんにクラウド
上の仮想デスクトップを利用して業務を開始することが可能となります。

Azure Virtual Desktopを利用することで、以下のメリットが得られます。

・セキュリティ機能の強化

・いつでも同じユーザーエクスペリエンスを提供

・パフォーマンスの一元的な管理

・マルチセッションWindowsデプロイ

Windows 10 Enterpriseのマルチセッションを利用すると、Azure上の単一のVM
で、複数ユーザーが同時に接続して、仮想デスクトップを利用可能となります。
個人の環境を分けつつ1つのVMで動作するため、個別のVMを用意する場合に比
べて、大きくコストを下げることが可能となります。

※　VDI：Virtual Desktop Infrastructure

2　Azureネットワークサービス

Azureネットワークサービスは、Azure環境で利用するさまざまサービスにクラウド上でのネットワーク環境を提供するサービス群です。特に仮想ネットワークは、Azure上でインターネットとは区別したネットワークを構成してセキュリティを高めることや、オンプレミスとの連携をとるために重要なサービスとなります。

(1) Azure Virtual Network（仮想ネットワーク）

Azure Virtual Network（仮想ネットワーク）は、Azureのネットワークサービスの基礎です。Azure上のサービス同士をローカルなネットワークで接続することや、オンプレミスのネットワークとAzureのネットワークを相互接続するための、クラウド上のネットワークを担います。特に仮想マシンを作成する際には必ずこの仮想ネットワークが必要となります。

また、仮想ネットワークは、基本的に個別のネットワークとなるため、異なる仮想ネットワークにデプロイされた仮想マシンや異なる仮想ネットワークに接続されたAzureのサービスは、仮想ネットワークを経由した通信ができません。

したがって、同一のシステムで動作するAzureの各サービスは、ローカルな通信をする場合は、同一の仮想ネットワークに所属することが重要となります。

■Azure仮想ネットワークでできること

Azure仮想ネットワークでは、以下のようなことができます。

> ・ネットワークの分離とセグメント化
> ・仮想マシンへのネットワークの提供（インターネットを含む）
> ・Azureのリソース間の通信
> ・ネットワークのトラフィックの制御
> ・オンプレミス環境との接続（VPN Gateway/ExpressRoute）
> ・仮想ネットワーク同士の接続（ピアリング）

Azureリソース間の通信では、Azure Kubernetes ServicesやAzure仮想マシン、Azure仮想マシンスケールセットなどへの接続が可能です。また、各種サービスについては、サービスエンドポイントを使用して個別のアクセスを実現することが可能です。

たとえば、Azure SQL Databaseへセキュリティを考慮したアクセスを実現する

ことも可能です。Azure SQL Databaseは別途詳細を紹介しますが、Azure仮想ネットワークを経由することで、仮想マシンやAzure App Serviceからの通信をインターネット経由したアクセスではなく、Azure内のローカルネットワークを通した通信を利用することで、安全にアプリケーションとデータベースの通信が可能となります。

▼ Azure仮想ネットワーク

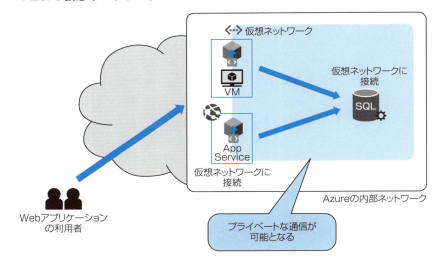

■仮想ネットワークの構成要素

仮想ネットワークは、以下のステップで構成可能です。

▼ネットワークの作成①

以下の項目を設定します。

・サブスクリプション

利用するサブスクリプションの指定です。

・リソースグループ名

仮想ネットワークが所属するリソースグループを指定します。

・名前

仮想ネットワークを識別する名前です。

・リソースの場所（リージョン）

リージョンを指定します。

▼ネットワークの作成②

以下の項目を設定します。

・アドレス空間

　アドレス空間には、一般的にプライベートIPアドレスを指定します。また、オンプレミスやその他の仮想ネットワークと接続することを考慮して、重複しないアドレス空間を割り当てます。また、サブネットはこのアドレス空間に含まれる形で構成します。

・サブネット

　アドレス空間内のサブネットワークを設定します。

▼ネットワークの作成③

以下の項目を構成します。

・BastionHost

仮想ネットワーク内に構成する、仮想マシンへのブラウザからの利用を提供するオプションです。

・DDoS Protection Standard

サービス拒否攻撃の対応オプションです。詳細は以下のサイトを参考にしてください。

> **参考**　**Azure DDoS Protection Standard**
> https://docs.microsoft.com/ja-jp/azure/virtual-network
> /ddos-protection-overview

・ファイアウォール

Azure Firewallです。第5章で紹介します。

■仮想ネットワークのそのほかの構成要素

・ピアリング

異なる仮想ネットワーク同士を接続します。異なる仮想ネットワークに所属する仮想マシンは、原則通信ができません。リージョンが異なる仮想マシンや構成上やむなく異なる仮想ネットワークに対して、所属する仮想マシン同士にプライ

ベートな通信を実現したい場合は、ピアリングが利用できます。

| 参考 | **Azure Virtual Network ピアリング**
https://docs.microsoft.com/ja-jp/azure/virtual-network
virtual-network-peering-overview

(2) Azure VPN Gateway

Azure VPN Gatewayは、オンプレミスのネットワークとAzure 仮想ネットワークや、インターネット上のクライアントとAzure仮想ネットワークを接続するときに利用できるサービスです。ネットワークとネットワークを相互接続する接続と、クライアントーサイト間を接続することが可能です。

▼ Azure VPN Gateway

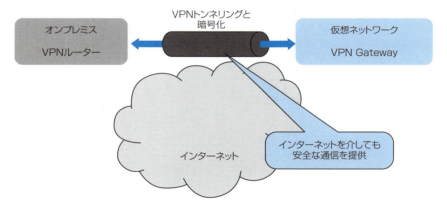

■ポリシーベースのVPN

VPN Gatewayのサイズ指定で、Basicを選択した場合のみ利用できます。一般的にはテスト用に利用されるか、オンプレミスのVPNルーターとの互換性維持のためのオプションです。

・IKEv1のみのサポート

・静的ルーティンのサポート

■ルートベースのVPN

VPN Gatewayのサイズ指定で、どれでも選択可能な構成です。一般的な運用で

3

はこの構成を利用します。
・IKEv2のサポート
・動的ルーティングのサポート
　また、ルートベースの VPN の利用シーンは、以下通りです。
・仮想ネットワーク間の接続
・ポイント対サイト接続
・マルチサイト接続
・Azure ExpressRoute との共存

(3) Azure ExpressRoute

　Azure ExpressRoute は、オンプレミスと仮想ネットワークを相互接続する際に、セキュリティ、パフォーマンス、安定性を兼ね備えた接続方法です。専用の接続を Azure ExpressRoute で構成することで、オンプレミスのネットワークと Azure 仮想ネットワークを接続することが可能です。

　また、Azure だけではなく、マイクロソフトが提供するクラウドサービスとの接続が可能であるため、Microsoft 365 への接続も可能となります。

▼ Azure ExpressRoute

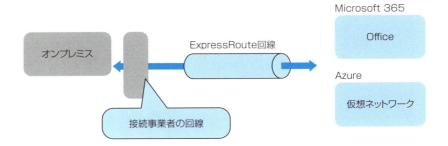

■ ExpressRoute の強み

・専用線や IPVPN を利用した確実な Azure への接続
・冗長化された回線利用
・ExpressRoute Premium アドオンの利用で、接続リージョンを経由した、Azure 全体へのアクセス (他のリージョンへアクセスを可能とする)

3 Azure ストレージサービス

Azureストレージサービスは、Azure上で、データを保存するサービスです。インターネットを介した保存や、仮想マシンのデータ保存、その他Azure上のさまざまなサービスからデータを保存することが可能です。また、Azureストレージは、Http・Httpsを利用してデータを利用することが可能です。

(1) Azureストレージアカウント

Azureストレージの利用には、ストレージアカウントを利用します。ストレージアカウントをリソースとして登録することで、全世界からAzureストレージにアクセスをすることが可能となります。

ストレージアカウントは、名前にアカウントとありますが、Azureの1つのリソースを指しており、ストレージアカウントはユーザーアカウントとは異なります。

ストレージアカウントの作成をすると、データ保存に利用できるBlobとFileの2つのサービスが利用できます。以下の図は、Blobを利用した際のデータの階層構造を説明しています。

▼ Blobを利用した際のデータの階層構造

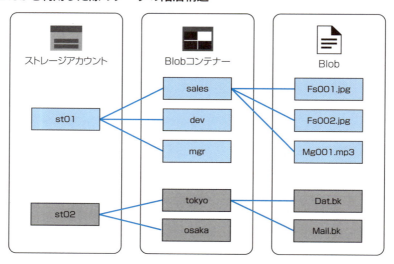

この2サービスがAzureストレージでよく利用されます。

また、仮想マシンの仮想HDDとしては、Disk Storageが利用されます。併せて、ストレージアカウントを作成することで利用できるサービスはほかにも存在します。くわしくは以下のサイトを参考にしてください。

> 参考　**コアAzure Storageサービスの概要**
> https://docs.microsoft.com/ja-jp/azure/storage/common/storage-introduction?toc＝/azure/storage/blobs/toc.json

3

ストレージアカウントの作成時には、冗長構成やパフォーマンスに関わるポイントが多数あるため、作成時に注意をする必要があります。

■パフォーマンス

ストレージアカウントの作成時に、保存する領域のパフォーマンスによって以下の2つの構成が選択可能です。

・Standard

一般的なストレージデバイスにデータが保存されます。主にHDDに保存されると考えるとイメージがわきやすいです。

・Premium

高速なストレージに保存されます。主にSSDに保存されると考えるとイメージがわきやすいです。

■冗長性

データの保存領域が複数のディスクにまたがることで、データの可用性と信頼性が向上します。以下のパターンが利用できます。リージョンにより選択できる項目は異なります。

・ローカル冗長ストレージ（LRS）

同一のリージョン内で三重に保存されます。ディスク障害が起こった場合でも、他のディスクにデータが存在するため、信頼性が向上します。

・ゾーン冗長ストレージ（ZRS）

同一のリージョン内で、異なる可用性ゾーンに三重に保存されます。リージョン内でデータセンター障害が起きた場合でもデータへのアクセスが可能です。

・geo冗長ストレージ（GRS）

メインのリージョンを**プライマリリージョン**と呼び、そのコピー先を**セカンダリリージョン**と呼びます。

まず、プライマリリージョンで三重で保存されたデータが、セカンダリリージョンにも同様に三重で保存されることで、リージョン障害時にもデータを保持することが可能です。

ただし、リージョン障害時以外は、セカンダリリージョンのデータへのアクセスは許可されません。セカンダリリージョンは、ペアリージョンが自動的に構成されます。

・geoゾーン冗長ストレージ（GZRS）

GRSのプライマリリージョンでZRSが利用されます。

・セカンダリリージョンの読み取り（RA-GRS、RA-GZRS）

GRSとGZRSで、セカンダリリージョンのデータが読み取り専用で利用可能となります。ストレージ利用するアプリケーションのアクセスパターンによって使い分けが可能です。

▼ローカル冗長ストレージ（LRS）・ゾーン冗長ストレージ（ZRS）・geo冗長ストレージ（GRS）

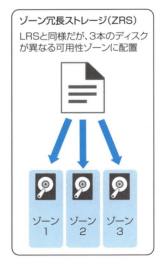

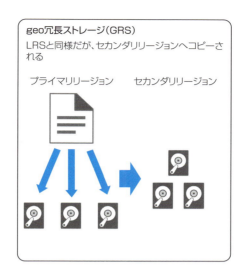

詳細は以下のサイトで確認可能です。

参考	**Azure Storageの冗長性**

https://docs.microsoft.com/ja-jp/azure/storage/common
/storage-redundancy

■アクセス階層

データの保存や読み取る際に頻繁にアクセスさせるデータや、あまりアクセスされないデータなどのデータ使用頻度に基づいて、アクセス層を構成できます。

アクセス階層には、以下の3つの階層が存在します。
・ホット層
・クール層
・アーカイブ層

一般的には、よく利用されるデータの場合はホット層を利用し、アクセス頻度の低いデータにはクール層を利用します。

　また、その他のストレージアカウント作成時のポイントは、以下のサイトで確認可能です。

> **参考**　**ストレージアカウントの作成**
> https://docs.microsoft.com/ja-jp/azure/storage/common
> /storage-account-create?tabs = azure-portal

(2) Azure Blob Storage

　Azure Blob Storageは、マイクロソフトのクラウド用の**オブジェクトストレージ**です。大容量のテキストデータやバイナリデータを格納することが可能です。Blob Storageの主な用途は以下の通りです。
・画像またはドキュメントデータの保存と配信
・動画・音声などの配信
・ログファイルの保存
・バックアップ、ディザスターリカバリー用のデータ保存
・分析データの保存

■コンテナー

　Blob Storageの表示は、Azureポータル上でストレージアカウントの作成後に[コンテナー]という項目で作成可能です。Blobを保存するフォルダーの役割を果たす入れ物を**コンテナー**と呼びます。

■Blobの種類

　Blobには、データの性質によって3つのBlobを利用することが可能です。
・ブロックBlob
・追加Blob
・ページBlob

　それぞれ名前のイメージ通りの利用が適しており、**ブロックBlob**は、大容量データに向いています。バイナリファイルや動画・音声などのマルチメディアデータやテキストデータなどを格納します。

　追加Blobは、追記が多いデータタイプに向いており、ログファイルなどの格納に向いています。**ページBlob**は、ランダムアクセス向きのBlobです。

3

■Blobの制限

Blobを含むAzure上のサービスにはさまざま制限があり、日々Azureの発展とともに変化します。以下にAzure Storageの代表的な制限項目を記載します。

- ・ストレージアカウントの最大容量 ⋯5PiB
- ・ブロックBlobの最大サイズ ⋯約195TiB
- ・追加Blobの最大サイズ ⋯約195GiB
- ・ページBlobの最大サイズ ⋯8TiB

※ GiB（ギビバイト）= 2^{30} バイト、TiB（テビバイト）= 2^{40} バイト、PiB（ペビバイト）= 2^{50} バイト

くわしい情報は、下記のサイトで確認できます。

| 参考 | **Azure サブスクリプションの制限とクォータ** |

https://docs.microsoft.com/ja-jp/azure/azure-resource-manager
/management/azure-subscription-service-limits

---

(3) Azure Files

Azure Filesを利用するとかんたんにクラウド上でファイル共有を実現できます。Windowsの標準的なファイル共有プロトコルを利用できるため、Windows 10 のクライアントコンピューターからデータを利用することも可能です。また、組織内にあるファイルサーバーのデータのバックアップ場所として利用することもできます。

クライアントから利用するときは、オンプレミス同様にドライブ文字などにマウントすることで手軽に利用可能です。

(4) Azure Disk Storage

Azure Disk Storageは、仮想マシン用の仮想HDDとして利用します。また、利用するシーンに応じて、速度の異なる以下のタイプのディスクが利用可能です。

- ・Standard HDD 低速
- ・Standard SSD
- ・Premium SSD
- ・Ultra ディスク 高速

　基本的に上から順番に下に行くほど**高速なディスク**となります。以下のサイトで各ディスクの詳細が確認できます。

> **参考** | **ディスク種類の選択**
> https://docs.microsoft.com/ja-jp/azure/virtual-machines/disks-types

4　Azureデータベースサービス

　Azureには、PaaSのデータベースサービスが豊富に用意されています。組織の必要とするアプリケーションによって、さまざまなデータベースが必要とされている場合にも、Azureは個別に対応することが可能です。

(1) Azure SQL Database

　Azure SQL Databaseは、**Microsoft SQL ServerのPaaSサービス**です。SQL Databaseを利用することで、高可用性、バックアップ、その他さまざまなSQL Serverを運用する際に必要な一般的な管理タスクを、すべてマイクロソフトに委任することが可能となります。ユーザーがインフラストラクチャを管理する必要がなくなります。

　また、最新のSQL Serverへのアップグレードなどもすべてマイクロソフトに任せることが可能となります。

　自組織内でSQL Serverを利用している場合は、**Azure Database Migration Service**を利用することで手軽にデータを移行可能です。また、移行時に追加の作業が必要な場合は、Microsoft Data Migration Assistantを利用して評価レポートを作成することも可能です。

■Azureで利用できるSQL Server種類

　Azureでは、カスタマイズ性や利用方法の違いに応じて、いくつかのパターンでSQL Serverを構成可能です。IaaS環境やPaaS環境での提供ができるため、利用法に応じた選択が可能です。

・Azure Virtual Machines上のSQL Server

　仮想マシン上に、SQL Serverをインストールして利用します。通常のSQL Serverと完全な互換性を維持しながらAzure上にSQL Serverを移行可能です。

・Azure SQL Database

PaaSのSQL Databaseを提供します。

・Azure SQL Managed Instance

Azure SQL Databaseと同様にPaaSのサービスを提供します。しかし、通常の SQL Serverと100％に近い形で互換性が維持されている点と、セキュリティの構成が可能な点が大きな違いとなります。完全に分離された環境で展開されるため、プライベートな環境でデータベースをデプロイできます。細かな違いは、以下のサイトで確認可能です。

> **参考**
> https://docs.microsoft.com/en-us/azure/azure-sql/database
> /features-comparison

・Azure SQL Edge

IoT、IoT Edge向けに最適化されたリレーショナルデータベースです。SQL Serverデータベースエンジンで構成されるため、通常のTransact-SQLを利用することができ、シームレスにアプリケーションやソリューションを開発可能です。

(2) Azure データベース系サービス

Azure SQL Database以外にも、よく使われるDBMSに合わせてAzureでは、データベースプラットフォームが提供されています。データベースのPaaSとして利用することが可能です。

■ Azure Database for MySQL

MySQLのPaaSです。インフラストラクチャを管理することなく、Azure SQL Databaseと同様にMySQLを利用することが可能です。

■ Azure Database for Postgres

同様にPostgres SQLをPaaSとして利用可能です。さらに、Postgresでは、デプロイのオプションとして、以下の2つのオプションが用意されています。

・単一のサーバー

MySQLやAzure SQL Databaseと同様の構成です。ほとんどの管理作業を必要とせずにPaaS環境でPostgresが利用可能となります。

・Hyperscale（Citus）

複数のマシン間でクエリを水平スケーリング可能となります。SQLクエリを並

列処理できるようになるため、大規模な処理に対して高速な応答が可能となります。

(3) Azure Cosmos DB

　Azure Cosmos DBは、あらゆるスケールに対応可能な**分散型マルチモデルデータベースサービス**です。PaaSとして提供されるため、仮想マシンの構成やソフトウェアの修正プログラム、クラスターのスケーリングなどは、一切管理する必要がなく、利用した分だけの費用で利用が可能です。NoSQLの対応と多数のOSSAPIに対応します。また、他のデータベースにはない非常に高い可用性を提供しています。

▼ Azure Cosmos DB

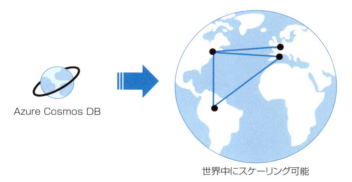

Azure Cosmos DB

世界中にスケーリング可能

参考	**Azure Cosmos DBでの高可用性**

https://docs.microsoft.com/ja-jp/azure/cosmos-db/high-availability

演習問題3-2

問題1.
➡解答 p.121

次の説明文に対して、はい・いいえで答えてください。

組織内のサーバールームの環境をAzureに移行しようと考えています。利用するアプリケーションは、OSの機能を必要とするもので、Azureに移行後もOSの設定を変更したいと考えています。

解決策:すべてのサーバーの機能をそのまま移行するためにAzure Virtual Machinesを利用してAzure上に環境を構築した。

A. はい
B. いいえ

問題2.
➡解答 p.122

次の説明文に対して、解決策が適当かどうかを、はい・いいえで答えてください。

組織内で利用しているWebシステムをAzureに移行しようと考えています。Webサーバー上にアプリケーションを配置しようと考えていますが、専任の管理者がいないため、できる限り管理をかんたんにしたいと考えています。

解決策:Azure App Serviceを利用して、Webアプリケーションを公開する。

A. はい
B. いいえ

問題3. ➡解答　p.122

　手軽にVDI（仮想デスクトップ）環境を構成したいと考えています。また、コストを最小化するために1台の仮想マシンに複数のユーザーがサインインできる環境が欲しいと考えています。最も適切な方法を選択してください。

A. Azure Virtual Machinesを利用して、Windows 10をインストールする
B. Azure Virtual Desktopを利用する
C. Azure Virtual Machinesを利用して、Windows Serverをインストールする
D. Azure環境では、VDIは実現できない

問題4. ➡解答　p.122

　仮想ネットワークに仮想マシンをデプロイして、組織内のサービスを構成する予定です。部門毎にアクセスを制限したいと考えています。最もかんたんな方法を選択してください。

A. 同じ仮想ネットワークにデプロイする
B. 異なる仮想ネットワークにデプロイする
C. 同じ仮想ネットワークにデプロイした後でピアリングを構成する
D. 異なる仮想ネットワークにデプロイした後でピアリングを構成する

問題5. ➡解答　p.123

　次の説明文に対して、解決策が適当かどうかを、はい・いいえで答えてください。

　組織の外出中のユーザーが、Azure環境に接続できるように構成をしたいと考えています。

解決策：Azure上にVPN Gatewayを構成する。

A. はい

B いいえ

問題6.   ➡解答　p.123

次の説明文に対して、解決策が適当かどうかを、はい・いいえで答えてくだ
さい。

　組織の外出中のユーザーが、出先から組織内、Azure環境に接続できるように
構成をしたいと考えています。

解決策：組織の環境とAzureをExpressRouteで接続した。

A. はい

B いいえ

問題7.   ➡解答　p.123

以下の問いに、はい・いいえで答えてください。

　ストレージアカウントを作成して、データを保存しようと考えています。
200GBのデータを保存するためにBlobコンテナーを用意しました。ブロックBlob
でデータを保存することはできますか？

A. はい

B いいえ

問題8.　　　　　　　　　　　　　　　➡解答　p.123

高いパフォーマンスを要するSQL Serverを構成予定です。仮想マシンへSQL Serverをインストールしてデータベースを準備しています。以下のうち適切なものを選択してください（複数解答してください）。

A. データディスクにStandard HDDを利用する
B. OSディスクにStandard HDDを利用する
C. データディスクにPremium SSDを利用する
D. OSディスクにPremium SSDを利用する

問題9.　　　　　　　　　　　　　　　➡解答　p.124

以下の文章を読んで、下線部が間違っている場合は、正しい解答を選択してください。

新しくNoSQLを必要とするアプリケーションを構成予定です。Azure SQL Databaseを利用してアプリケーションのデータベースを構成した。

A. 変更の必要はない
B. Azure Database for MySQL
C. Azure Database for PostgreSQL
D. Azure Cosmos DB

問題10.　　　　　　　　　　　　　　➡解答　p.124

以下の項目に、はい・いいえで答えてください。

普段ユーザーが利用しないファイルサーバーのデータを一時的に退避して、一定期間後に削除する予定です。コストを落とすためにAzure Blob Storageを利用し退避場所を作成しました。利用料金を下げるためにアクセス階層をアーカイブに設定してストレージを構成しました。この作業はストレージにかかるコストを

下げることになりますか。

A. はい

B いいえ

問題11.
→解答 p.124

Azureを利用してファイルサーバーのデータを、クラウド上で管理し各拠点のクライアントから利用できるように構成予定です。最も手軽に利用できる方法はどれですか？ 各拠点からはすべてインターネットが利用可能です。

A. Azure Blob Storageを利用して、コンテナーを作成後、ファイルサーバーのデータをコピーする

B. Azure Blob Storageを利用して、Blobを作成し公開する

C. Azure Filesを利用して共有フォルダーを公開して、ファイルサーバーのデータを共有フォルダーにコピーする

D. Azure Disk Storageを利用して、仮想マシンを作成しファイルサーバーを構成後、元のファイルサーバーからデータをコピーする

解答・解説

問題1.
→問題 p.117

解答 A.

解説

Azure Virtual MachinesはIaaS環境となるため、従来の物理的なマシン上にOSをインストールしたときと同様の作業がクラウド上で実現できます。ただし、ハードウェアは触ることができないため、OS上のデバイスドライバーに関しては操作の対象外となることに注意が必要です。

問題2.

➡問題　p.117

解答　A.

解説

　専任の管理者がいないため管理作業を大幅に軽減できるPaaSの利用が最適です。Azure App Serviceは代表的な **PaaS** で、OSやミドルウェアの管理が不要となるため、最適です。

問題3.

➡問題　p.118

解答　B.

解説

　Azure Virtual Machinesを利用してVDI（仮想デスクトップ）環境の作成は可能ですが、準備に時間がかかることと、1台の仮想マシンで複数のユーザーがサインインする環境は、Windows 10では実現ができません。**Azure Virtual Desktop** を利用するとかんたんにVDI環境が構築できます。併せて、マルチセッション機能の利用で複数のユーザーが個別の環境を持った状態でWindow10を利用することが可能です。

問題4.

➡問題　p.118

解答　B.

解説

　仮想マシンは原則として、同一の仮想ネットワーク内の仮想マシンと通信が可能です。したがって、異なる仮想ネットワークにデプロイすることで仮想ネットワーク毎に通信を遮断できます。**ピアリング** は仮想ネットワーク同士を相互接続する機能になるため、ピアリングを構成すると異なる仮想ネットワーク同士での通信が可能となります。

問題5. →問題 p.118

解答 A.

解説

　VPN Gateway は、ポイント対サイトの構成が可能であるため、出先からインターネットを介してAzureに接続をすることが可能です。

問題6. →問題 p.119

解答 B.

解説

　ExpressRoute は、組織の拠点と Azure を接続するサービスです。したがって、出先のIクライアントから組織内、Azureへのアクセスを提供するサービスではありません。出先からAzureへの接続を実現するには、VPN Gatewayを利用するか、Azureポータルから、Azure上の仮想マシンやAzure Virtual Desktopへのアクセスをする必要があります。

問題7. →問題 p.119

解答 A.

解説

　ブロックBlobの最大サイズは、約195TiBであるため十分に保存可能です。ページBlobであっても8TiBまで保存可能です。追加Blobの場合は約195GiBとなるため最大サイズに注意が必要です。

問題8. →問題 p.120

解答 C、D.

解説

　Azure Disk Storageを利用する際にパフォーマンスを考慮する場合は、Premium SSDやUltraディスクを利用します。Standard HDDやStandard SSDはあまりアクセスの激しくないワークロードに向いたディスクとなります。

問題9.

➡問題　p.120

解答　D.

解説

　NoSQLのタイプのデータベースとして適切なものは、**Azure Cosmos DB**です。分散型のDBで、構造化されていないデータを保持することが可能で、さまざまなデータタイプに応じて構成が可能です。Azure Database for MySQLとPostgreSQLは、どちらもリレーショナルデータベースをベースとしてSQLを利用するタイプのデータベースです。

問題10.

➡問題　p.120

解答　A.

解説

　Azure Blob Storageのアクセス階層は、ホット、クール、アーカイブの3つの層があり、**アーカイブ**にすることでストレージの利用料金を下げることが可能です。

問題11.

➡問題　p.121

解答　C.

解説

　B.の解答はBlob利用時の方法として適切ではありません。Blobはコンテナーを作成後にデータを置くことができるため、Blobだけを単体で公開することができません。A.、C.、D.はすべて、実現可能ですが、一番手軽な方法はサービスの公開とデータのコピーで済む**Azure Files**が一番手軽だと考えられます。

第4章

Azureのコアソリューション および管理ツール

Azureで使えるソリューション

Azureで利用できるさまざまなサービスやIoT、ビックデータ、分析に関するソリューションについて学習します。

1 Azure IoT

Azure IoT は、クラウドサービスを利用してIoT機器からのさまざまな情報・イベントを利用したソリューションを提供します。たとえば、Geoロケーション（位置情報の取得）を利用して、アプリケーション利用者の行動予測を行うことなどが可能となります。また、IoT機器の維持管理にも Azure IoT を利用することが可能となります。

（1）Azure IoT Hub

Azure IoT Hub は、**IoTアプリケーションとIoT機器との通信をサポートする**マネージドサービスです。IoT機器を利用したサービス提供のための環境を強力にサポートします。特にIoT機器への通信は双方向で構成することができるため、情報の収集から機器の保守に至るまで多くの機能を提供します。

オフィスビルの監視や医療系・製造系の機器監視などに応用でき、数個から数百万までのデバイスに対応するスケーラビリティを備えています。

▼ Azure IoT Hub

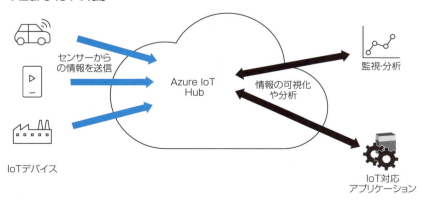

　また、Azure IoT device SDKのライブラリでは、以下の言語やプロトコルが利用可能です。

・利用可能な言語 　　　…C、C#、Java、Python、Node.js

・利用可能なプロトコル 　…HTTPS、AMQP、MQTT

　Azure IoT Hubの詳細は、以下のWebサイトをご覧ください。

> | 詳細 | **Azure IOT Hubとは**
> https://docs.microsoft.com/ja-jp/azure/iot-hub/about-iot-hub

4

(2) Azure IoT Central

　Azure IoT Centralは、Web UIを利用して**手軽にIoT機器を接続するアプリケーションを構成**し、組織に必要なIoTのアプリケーションとプラットフォームを提供します。IoTを利用したさまざまな情報収集をいち早く分析し、業務へのフィードバックをもたらすことが可能です。利用者は技術的にくわしい知識がなくても作業を開始できる点が、Azure IoT Hubとは大きく異なります。また、Azure IoT HubはPaaSです。Azure IoT CentralはSaaSに近い形でのサービス提供となります。

　Azure IoT Centralは、以下の4ステップで作業が開始できます。

1. アプリケーションの作成
2. デバイスの追加
3. 規則とアクションの構成
4. デバイスの監視

　Azure IoT Centralの詳細は、以下のWebサイトをご覧ください。

> | 詳細 | **Azure IoT Centralとは**
> https://docs.microsoft.com/ja-jp/azure/iot-central/core
> /overview-iot-central

(3) Azure Sphere

Azure Sphereは、IoT機器を含めて高いセキュリティを維持するためのクラウド連携サービスです。IoT機器自体に専用のマイクロチップを用意し、IoT機器がネットワークを利用する際の安全性を高めることが可能です。

■Azure Sphereの重要な要素

・Azure Sphere MCU（マイクロコントローラーユニット）

IoT機器に内蔵されるマイクロチップです。

・MCU対応OS（Linux）

Linuxベースの専用OSで、マイクロソフトがセキュリティ更新などを担います。

・Azure Sphereに対応したアプリケーション（IoT機器用）

IoT機器を製造する組織が作成する専用のアプリケーションです。セキュリティ更新は、Azure Sphere Security Serviceを通して更新を行います。

MCU対応のOSとアプリケーションは、Azure Sphere Security Serviceを通して更新がなされるため、IoT機器のセキュリティは常に高い状態に保たれます。IoT機器の大きな課題であったセキュリティを維持することがAzure Sphereによって実現可能となります。

Azure Sphereの詳細は、以下のWebサイトをご覧ください。

詳細　Azure Sphereとは	
https://docs.microsoft.com/ja-jp/azure-sphere/product-overview/what-is-azure-sphere	

2　Azure を利用したデータの分析

Azureのデータソリューションを利用すると、ビックデータからさまざまな知見を得られます。また、IoT機器などと組み合わせることでリアルタイムに発生する情報を分析可能となります。

(1) Azure Synapse Analytics

Azure Synapse Analyticsは、元々はAzure SQL Data Warehouseと呼ばれていたサービスから発展した、ビックデータ分析などを行うサービスです。分析に必要

な情報の収集や蓄積、必要に応じた分析前のデータ修正、実際の分析プラット
フォームなどを備えたデータウェアハウスの機能を持ちます。

大規模な情報の取り扱いも可能であるため、ニーズに合わせたデータの取り
込みとそれをBIや機械学習に適用することが可能です。

▼ Azure Synapse Analytics

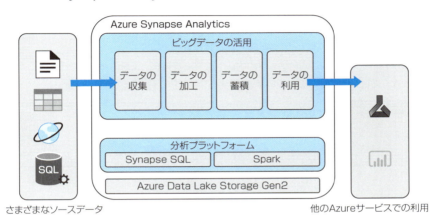

さまざまなソースデータ　　　　　　　　　　　　　　　他のAzureサービスでの利用

Azure Synapse Analyticsは、以下のWebサイトを参考にしてください。

参考	Azure Synapse Analyticsとは

https://docs.microsoft.com/ja-jp/azure/synapse-analytics
/overview-what-is

■ SynapseワークスペースとSynapse Studio

Synapseワークスペースは、Azure Synapse Analyticsを管理するための論理的な
範囲です。これを利用して収集したデータをSynapse SQLやSparkで分析します。

Synapse Studioは、ワークスペースを利用してAzure Synapse Analytics全体を管
理する際に利用する管理ツールです。

■ Azure Data Lake Storageとデータの収集

Azure Data Lake Storageは、ペタバイト、エクサバイト級のデータを保持でき
るビックデータに対応したストレージです。さらに、Azure Synapse Analyticsは、
このストレージを利用してさまざまなデータソースからデータを収集できるよう

にAzure Data Factoryと呼ばれるデータ統合エンジンと同じ機能を持ち、あらゆるデータを統合して分析に活かすことが可能です。

(2) Azure HDInsight

　Azure HDInsightは、多くのオープンソースフレームワークに対応したビックデータを分析するプラットフォームを提供できます。**PaaSとして、ビックデータを分析するための環境を提供**し、機械学習、データ処理、IoTに対応するさまざまなソリューションのデータ分析を提供できます。

・**対応可能なフレームワーク**…Hadoop、Spark、Hive、LLAP、Kafka、Storm、R
　Azure HDInsightの詳細は、以下のWebサイトをご覧ください。

詳細	**Azure HDInsightとは**	
https://docs.microsoft.com/ja-jp/azure/hdinsight/hdinsight-overview		

---

(3) Azure Databricks

　Azure Databricksは、**Sparkベースの分析プラットフォーム**です。Azure Data Factoryで取り込まれたデータなど、Azure Data Lake Storageにある情報をもとに分析を行います。対話型のワークスペースを利用するとかんたんに環境を構築でき、PaaS環境で手軽にデータ分析を行い、必要に応じたスケーリングを行えます。人工知能ソリューションの構築に利用可能です。

・**利用可能なDatabricks**

　…Azure Databricks SQL Analytics、Azure Databricksワークスペース
　Azure Databricksの詳細は、以下のWebサイトをご覧ください。

詳細	**Azure Databricksとは**	
https://docs.microsoft.com/ja-jp/azure/databricks/scenarios /what-is-azure-databricks		

---

3 | Azure AI

Azureでは、現在多くのAI系のサービスが提供されています。そのうち機械学習とAIをAPIとして利用できるCognitive Services、Bot Serviceを中心に紹介します。

(1) Azure Machine Learning

Azure Machine Learningは、機械学習※に必要なプラットフォームを提供するAzureのサービスです。AIの中核を担う機械学習には、入念な準備が必要になります。組織のコアなデータや、特殊化された情報をもとに、AIを用いた意思決定のサポートや分析には、Azure Machine Learningが最適となります。機械学習に必要な、モデルの作成、トレーニング、その後のサービスのデプロイまでのすべてをサポート可能です。

※　機械学習：機械学習とは既存の情報（データ）を用いて、将来の動きや予測を行う技術の1つ。近年AIと呼ばれる人工知能を実現するための一要素になる。

▼ Azure Machine Learning

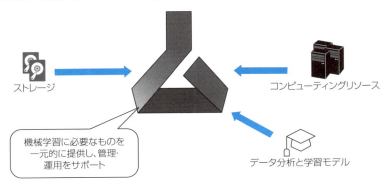

ストレージ

コンピューティングリソース

機械学習に必要なものを
一元的に提供し、管理・
運用をサポート

データ分析と学習モデル

■ Azure Machine Learning ワークスペース

Azure Machine Learningワークスペースは、Azure Machine Learningの最上位のコンテナー（入れ物）です。Azure Machine Learningは、コンピューティングリソース、ストレージ、トレーニングモデルなど多くのリソースを必要とするため、ワークスペースで一元的に管理を行います。

131

■Azure Machine Learningスタジオ

　Azure Machine Learningスタジオを利用すると、機械学習に必要な多くの設定をグラフィカルなGUIを利用して運用、管理が可能となります。Azure Machine Learningは、スタジオ以外にもSDKツールやCLIを利用してサービスの管理が可能です。

■その他の関連用語

・Notebook（ノートブック）

　独自のコードを記載して、機械学習を行います。

・Designer（デザイナー）

　デザイナーツールを利用して、コードを書かずにドラッグアンドドロップで機械学習を行います。

・Automated ML（自動化された機械学習）

　自動的に機械学習を行い、必要なパラメータ設定などを発見できます。デザイナー同様にコードを書かずに機械学習を行います。

　Azure Machine Learningは、以下のWebサイトを参考にしてください。

> **参考　Azure Machine Learning**
> https://docs.microsoft.com/ja-jp/azure/machine-learning
> /overview-what-is-azure-ml
>

（2）Azure Cognitive Services

　Azure Cognitive Servicesは、あらかじめ学習済みのモデルを適用して、人が行うさまざまな判断を推論可能とします。Azure Cognitive Servicesを利用することで、アプリケーションに見る、聞く、話す、理解するといった人の振る舞いを分析したり、認識させたりすることが可能となります。

■Azure Cognitive Servicesの分類

・言語

　テキストから、意味の予測や感情の推測といった人の会話に必要な要素などを認識することが可能です。

・音声

　音声のテキスト変換、テキストの音声読み上げ、音声の翻訳および音声・会話からの話者識別といった音声の認識を可能です。

・**視覚**

　画像からテキストの抽出、画像の解釈、人の顔の認識といった視覚情報認識します。

・**決定**

　上記3つのサービスから、異常の検知や、好ましくない情報の識別などを実現します。

　Azure Cognitive Servicesの詳細は、以下のWebサイトをご覧ください。

詳細	**Azure Cognitive Services**

https://docs.microsoft.com/ja-jp/azure/cognitive-services/

(3) Azure Bot Service

　Azure Bot Serviceは、人間のようにコンピューターが振る舞うことで、質問の応答などを仮想的なエージェントに任せて、業務を効率化するための仕組みです。

　たとえば、かんたんなWebサイト構造の質問や、予約の受付などの定型業務を、あたかも人が応対しているように見せかけて、チャットベースなどのやり取りが可能となります。

　すでに構成済みのAIを利用することで、ノーコードでQAサイトの構成などが可能となります。

参考

Bot Framework SDKとは

https://docs.microsoft.com/ja-jp/azure/bot-service/bot-service-
overview-introduction?view＝azure-bot-service-4.0

Bot作成のチュートリアル

https://docs.microsoft.com/ja-jp/learn/paths
/create-bots-with-the-azure-bot-service/

4 Azureのサーバーレス環境

　Azureのサーバーレスコンピューティングを利用すると、Webアプリケーションの実行に仮想マシンを含む、実行環境をすべてマイクロソフトに任せることができます。組織は、アプリケーションの作成やシステムの仕組み作りに注力でき、プラットフォームや、インフラストラクチャを気にすることなく目的を実現できます。

　サーバーレス環境の代表的な2つのサービスを紹介します。

(1) Azure Functions

　Azure Functionsは、「関数」とも呼ばれるAzureのサービスです。登録したアプリケーションを、何らかのタイミングで実行することが可能です。アプリケーションが実行される環境は、実行時に自動的に作成され、アプリケーション処理が完了し、アプリケーションの応答が終わると、自動的に削除されます。利用者は、サーバーの存在や実行環境の構築を考える必要がなく、アプリケーションを起動するタイミングの設定とアプリケーション自体を登録するだけです。

・利用可能なプログラミング言語

　　　　　　　　　　…C#、Python、Java、JavaScript、Typescript、PowerShell

■利用時のポイント

　Azure Functionsは、APIを登録してかんたんに公開ができるため、すでに完成済みのWebAPI[※1]などを保持している組織が、**既存の資産を活かすことが可能**です。また、**マイクロサービス**[※2]のような仕組み作りにも役立ちます。

※1　API（Application Programming Interface）：
　　　特定の機能を持ち、他のアプリケーションから呼び出すことで、必要な情報の受け取りと処理後のデータや結果を渡すことのできるプログラムと、そのやり取りをするインターフェースを含めたもの。

※2　マイクロサービス：ITシステムを大きな1つのプログラムではなく、部品に分解してさまざまなAPIが連携して1つのシステムを構成するような仕組み。

(2) Azure Logic Apps

Azure Logic Appsは、すでに構成済みのAPIを組み合わせて、コードを書くことなくアプリケーションを作成、更改するAzureのサービスです。さまざまなWebAPIが提供されているため、Microsoft 365のサービスなど、すでにあるサービスを組み合わせることでかんたんにビジネス要求に応じたアプリケーションを作成可能です。

たとえば、特定のメールが届いた際に、自動的に応答するようなRPA[※3]のシステムを構成することなどもできます。

4

▼ Azure Logic Apps

※3　RPA（Robotic Process Automation）：人の代わりに、PC（ロボット）が人の作業を代わりに自動実行する仕組み。人手の作業うち単純な繰り返し作業や定型的な作業を自動化することや近年ではAIを用いることで判断も含めて処理を自動化することも可能となっている。

5 アプリケーション開発を強力にサポートする機能

　Azureでは、オープンソースへの取り組みと開発者支援のためにDevOps[※1]への対応を強力にサポートします。あらゆるシステム開発を実現しながら、運用や管理にかかるコストを削減することが可能です。また、ソフトウェア開発プロセスの支援を行うためのツールも提供しています。

※1　DevOps：アプリケーションの開発者とそれを実装するシステム基盤構築、運用者が共通の
　　　目的（システムの実現）に向けて協力して取り組むための枠組みや仕組み。

(1) Azure DevOps Services

　Azure DevOps Servicesは、Webブラウザなどを利用して開発者が必要とするコードの共同開発やプログラムの作成支援（ビルド、デプロイ、テスト）をするサービスを提供します。ソフトウェア開発の速度を加速させ迅速に製品の作成とその改善をサポートします。

　Azure DevOps Servicesは、Azure Repos、Azure Pipelines、Azure Boards、Azure Test Plans、Azure Artifactsのようなサービスを組み合わせて利用するサービスです。

■Azure Repos

　Gitを利用してソースコードのバージョン管理やアプリケーションの共同開発時のソースコードを分散管理できるシステムを提供します。また、Team Foundationバージョン管理（TFVC）を利用することも可能です。

■Azure Pipelines

　アプリケーションのビルドとデプロイを自動化して、Azureを含めたさまざまなクラウド環境を利用したCI/CD[※2]を提供します。Pipelinesを利用することで、継続的にテストやビルドが実行され、必要な環境にデプロイされアプリケーションの開発を加速させることが可能です。

※2　CI/CD（継続的インテグレーション／継続的デリバリー）：
　　　CIは、アプリケーション開発のビルド、テストを自動化して頻繁に品質改善を行えるように
　　　する考え方やツールのこと。
　　　CDは、CIに加えて、リリースやデプロイ（実際に使う環境に準備すること）を自動化して繰
　　　り返し、新バージョンを利用してフィードバックを得ながら、開発品質を上げることが可能
　　　となる考え方やツールのこと。

■Azure Boards

アジャイル開発をサポートするための情報共有環境を提供します。スプリント計画やプロダクトバックログといった、スクラムに必要な情報を管理・共有可能です。

■Azure Test Plans

名前の通り、アプリケーション開発の肝となるテストをサポートする環境です。手動テスト、探索的テスト、ユーザー受け入れテストのフィードバックなどを統合的に管理可能です。

■Azure Artifacts

アプリケーション開発で利用する、ライブラリやパッケージマネージャーを配信するサーバーを、手軽に作成できるサービスです。NuGetやnpmなどの有名なパッケージマネージャーなどのように、自組織向けにサービスを展開可能です。

(2) GitHubとGitHub Actions

GitHubを利用して、アプリケーション開発のソース管理が可能となります。GitHubはオープンソースソフトウェアで、最も人気のあるコードリポジトリであり、アプリケーション開発に必要なさまざまな情報共有、CI/CDパイプラインなどを備えており、開発者のサポートをしています。

また、GitHub Actionsを利用すると、GitHubでCI/CDが可能となります。またイベントベースで動作が可能であるため、特定の時刻に予定しておいた操作を自動で実行することも可能です。

(3) Azure DevTest Labs

Azure DevTest Labsは、アプリケーション開発時のテスト環境を自動化します。開発者が必要とするテスト環境のVMの構築、設定、起動、停止、削除といった基盤構築のプロセスを自動化し、テストを強力にサポートします。

たとえば、古いバージョンのOSや旧来の環境、テスト用の環境などさまざまな環境を準備しておくと、Azure DevTest Labsは、開発時の必要な項目を自動的にデプロイ、およびテスト前の起動〜停止削除までをすべてサポートします。テスト後に停止や削除のし忘れがないため、無駄なコストを削減可能です。

演習問題4-1

問題1.
➡解答　p.142　

次の説明文に対して、はい・いいえで答えてください。

　製造業を営むある組織では、工場の各センサーデバイスから出る多数のテレメトリ（センサーからのメッセージ）を処理して、工場の監視や生産効率のアップを図ろうと考えています。Azureを利用してIoT機器の管理をしようと考えました。また、その他のAzureサービスとの連携も考えています。Azure IoT Hubを利用することでこのソリューションは実現できますか？

A. はい
B. いいえ

問題2.
➡解答　p.142　

次の説明文に対して、はい・いいえで答えてください。

　あるユーザー組織がIoT機器を利用した製品販売の効率化を考えています。この組織には専門的なIoTエンジニアが現在はいません。詳細は今後専門のエンジニアに任せる予定ですが、まずは、かんたんなテンプレートと提供されたアプリケーションを利用して効率化が可能かどうかの実験をするためにAzureでの環境の準備を進めています。Azure IoT Centralはこのソリューションを実現できますか？

A. はい
B. いいえ

問題3.　　　　　　　　　　　　　➡解答　p.142　

　家電などを主な主製品に据えるメーカー系組織があります。この組織がIoT
を活用して製品のユーザー体験を大きく向上させようと考えています。ただ
し、個人の顧客をターゲットとするため、高いセキュリティを備えた上でイン
ターネットを利用して情報収集できる環境を整えようと考えています。このソ
リューション実現に最も適したAzureのサービスはどれですか？

A. Azure IoT Hub

B. Azure IoT Central

C. Azure Sphere

D. Azure IoT Edge

問題4.　　　　　　　　　　　　　➡解答　p.143　

　ビックデータを利用して、小売業の組織が自社の営業分析や店舗の在庫状況
の分析などを一手に行えるシステム構築を考えています。すでにオンプレミス
環境に大規模なデータがあり、今後も増え続ける可能性が高いと想定されます。
また、オンプレミス環境からクラウド環境へ移行することで、コスト面、今後
の拡張性で大きなアドバンテージがあると想定しました。このソリューション
を実現するために適切なAzureのサービスはどれですか？

A. Azure SQL Database

B. Azure Databricks

C. Azure Synapse Analytics

D. Azure Machine Learning

問題5.　　　　　　　　　　　　　➡解答　p.143　

　Azure AIソリューションを利用して、顔認証のサービスを作成しようと考え
ています。アプリケーションの作成の工数をできる限り削減して、サービス作
成を実現させるためには、どのAzureサービスを利用しますか？

A. Azure Face

B. Azure Computer Vision

C. Azure Machine Learning

D. Azure Translator

問題6.　　　　　　　　　　　　　　　➡解答　p.144

　下線部の内容が適切かを確認して、適切ではない場合は、適した項目を選択してください。

　顧客の要望に応じてかんたんな回答を返すWebサイトのサポート機能を作成しようと考えています。サポート機能は、チャット形式で顧客の対応をするアプリケーションを想定しています。<u>Azure Machine Learning</u>でサービスを実現します。

A. 変更の必要なし

B. Azure Bot Service

C. Azure IoT Hub

D. Azure Databricks

問題7.　　　　　　　　　　　　　　　➡解答　p.144

　次の説明文に対して、はい・いいえで答えてください。

　すでに、Azure上にWebサイトを持ちサービスを提供している組織があります。Webサイトの新しい機能を手軽に追加できる手法を探しており、現在のWebサイトの変更を最小限にして機能を追加しようとしています。可能な限りコストを抑えて無駄なリソース消費を控えたいと考えています。AzureのApp ServiceにWeb Appsを追加し、新規のアプリケーションを追加しようと考えています。この方法は適切ですか？

A. はい

B. いいえ

問題8.　　　　　　　　　　　　　➡解答　p.144

次の説明文に対して、はい・いいえで答えてください。

Microsoft 365を利用している組織があります。Microsoft 365の利用状況に応じてアラートを上げるような監視の仕組みを構成しようと思っています。しかし、開発の担当者の工数が確保できず、アプリケーションの作成ができません。コードを書かずにこのソリューション実現するために、Azure Functionsの利用を考えています。このソリューションは実現可能ですか？

A. はい
B. いいえ

問題9.　　　　　　　　　　　　　➡解答　p.145

豊富なWebAPIを持つ組織が、それらを組み合わせて新しいサービスの創出やMicrosoft 365との連携を考えています。APIの連携やさまざまなサービスの連携をGUIのワークフローツールを使い、手軽に実現できるAzureのサービスはどれですか？

A. Azure App Service
B. Azure Functions
C. Azure Mobile Apps
D. Azure Logic Apps

問題10.　　　　　　　　　　　　➡解答　p.145

開発者の負荷をできる限り下げた上で、アプリケーション開発時のテストの自動化や、コスト削減をしたいと考えています。Azureのどのサービスを利用しますか？

A. GitHub

B. Azure DevTest Labs

C. Azure DevOps Services

D. Azure Advisor

解答・解説

問題1.
➡問題　p.138

|解答|　**A.**

|解説|

　Azure IoT Hubを利用することで、解決可能です。このサービスはさまざまなIoT機器との双方向通信が可能であり、その他のAzureサービスとの連携にも優れています。

問題2.
➡問題　p.138

|解答|　**A.**

|解説|

　可能です。Azure IoT Centralは、一般的な業界などに向けたアプリケーションテンプレートを用いて素早くアプリケーションの作成が可能です。さらに、そこからデバイスの状態の監視、管理といったライフサイクルの全般を管理可能です。

問題3.
➡問題　p.139

|解答|　**C.**

|解説|

　Azure Sphereは、専用のセキュリティデバイスを備えたセキュリティの実現とIoT機器の管理ができるクラウド連携サービスです。専用ハードウェアを利用することで、高いセキュリティを維持したままIoT機器のソフトウェア更新が可能となります。もちろんIoT機器から得られる各種データは、分析データとして利用でき、ユーザーの体験を向上するために利用することが可能です。

4

Azure IoT HubやAzure IoT Centralでも同様のソリューションの一部は提供可能ですが、セキュリティの向上はソフトウェアに依存するため、Azure Sphereほどのセキュリティレベルを構成することは容易ではありません。

Azure IoT Edgeは、IoT機器とクラウドをつなぐ境界部分に特化したAzureのサービスです。

問題4.　　　　　　　　　　　　　　　　　　　➡問題　p.139

解答　C.

解説

Azure Synapse Analyticsを利用することで、大容量のデータを扱いつつ、データの分析を行うデータウェアハウスの構成を実現できます。また、PowerBIなどと組み合わせることでデータの可視化が可能となります。あわせて、データ統合やそのパイプライン、Azure Machine LearningなどのAzureサービスとの統合が可能となります。

Azure SQL Databaseは、リレーショナルデータベースのソリューションの単体となるため、分析は別途準備をする必要があり適切ではありません。

Azure DatabricksやAzure Machine Learningは、単体のサービスとしては、分析・機械学習によるAIの構成が可能ですが、データ統合や取集のソリューションは別途準備が必要となるため、Azure Synapse Analyticsの連携先として利用されます。

問題5.　　　　　　　　　　　　　　　　　　　➡問題　p.139

解答　A.

解説

Azure Faceを利用すると、かんたんに画像から人間の顔の抽出と特徴を取り出すことが可能です。また、顔認証に必要な機能もあらかじめ備えられているため、かんたんなAPIの呼び出しで認証機能が実現できます。

Azure Computer Visionでも近い作業ができますが、このサービスは人の顔に関しての機能はAzure Faceのサブセットとなるため、Azure Faceを利用する方が適切です。

演習問題

Azure Machine Learning は、機械学習を用いて、AIを作ることが目的となるため、一から顔認証のために画像認識をするAIを作成すると大きな工数が発生するので、適切ではありません。

Azure Translator は、翻訳などの言語に対応するCognitive Servicesの一種です。

問題6.　　　　　　　　　　　　　　　　　　　　→問題　p.140

解答　B.

解説

Azure Machine Learningで、チャットボットを作成することは可能ですが、こちらも大きな工数がかかります。かんたんな回答を返すチャットボットであれば、すでにAIや仕組みが確立している **Azure Bot Service** が適切なソリューションとなります。

問題7.　　　　　　　　　　　　　　　　　　　　→問題　p.140

解答　B.

解説

この方法でも、機能の追加は可能ですが、App Service上に通常のWebアプリケーションを追加する場合は、追加したアプリケーションの動作の有無に関わらず絶えず利用料が発生するため、アプリケーションを利用していない時間帯が無駄なリソース消費につながります。**Azure Functions** を利用すると、アプリケーションの機能が呼び出された時点で仮想マシンが作られ、動作を開始し、動作完了後に仮想マシンが削除されるため、無駄なリソース消費を抑えることが可能です。

問題8.　　　　　　　　　　　　　　　　　　　　→問題　p.141

解答　B.

解説

コードを記述してアラートを上げることは、Azure Functionsで実現可能です。しかし、コードを書かずにAzure Functionsを動作させることはできないため、こ

のソリューションは実現できません。しかし、Azure Logic Apps を利用すると、コードを書かずに Microsoft 365 などの状況に応じてアラートを上げるようなソリューションの実現が可能です。

問題9.

➡問題 p.141

解答 D.

解説

Azure Logic Apps を利用すると、かんたんな GUI でワークフローを作成し、提供済みの API やオリジナルの API を組み合わせて、アプリケーションの作成を、コードを書かずに実現できます。出来合いの API の再利用や既存サービスへの機能追加に利用することも可能です。

Azure App Service や Azure Functions でも同様ことは可能ですが、アプリケーションの作成の工数や作りこみが必要となる点と GUI で手軽に作ることができないため適切ではありません。

Azure Mobile Apps は、モバイルアプリの作成とその基盤を支えるサービスです。

問題10.

➡問題 p.141

解答 B.

解説

GitHub や Azure DevOps Services は、開発者の支援をするサービスです。テスト支援も可能ですが、それに特化したサービスではなく、リポジトリの提供や情報の共有、テスト支援を含めた開発環境のサポートを全般的に行うサービスです。

Azure Advisor は、Azure サービスのベストプラクティスやコスト削減などを提供する支援サービスです。

Azure DevTest Labs を利用すると、テストに必要な環境のデプロイから運用までを一元的にサポートします。たとえば、テスト環境の仮想マシンの起動と停止を自動化することなどで無駄なリソース消費を抑えることが可能です。

Azureの管理ツール

Azureを利用する際に必要となる管理ツールの種類と詳細について学習します。

1 Azureの管理ツール

Azureの利用する際に必要となる基本的な管理ツールについて学習します。Azureを管理するためのツールは利用する側面に応じてさまざまなツールが存在します。

（1）管理ツールの基本

Azureの管理ツールはGUIのツールとCUIのツールが用意されており、管理者の習熟度や好みによっていろいろなツールが利用できます。最もよく使われるツールはGUIの **Azure Portal** で、グラフィカルで直感的に利用が可能です。

・Azure Portal
・Azure Mobile Apps

AzureのCUIツールは多彩でさまざまなツールが用意されています。

・Azure Cloud Shell（Azure Portal内からアクセス）
・Azure PowerShell
・Azure CLI

（2）Azure Portal（Azureポータル）

Azure管理するための最も一般的なツールです。次のURLを利用してアクセス可能です。

https://portal.azure.com

Webブラウザからアクセス可能で、Azureのほとんどの管理を行うことが可能であり、日々新しい管理機能が盛り込まれています。また、レポートなどをグラフィカルに確認したい場合は、Azure Portalが最適です。基本的な作業を開始するときは、まずAzure Portalでリソースを作成すると、かんたんに状況が確認でき便利です。

▼ Azure Portal

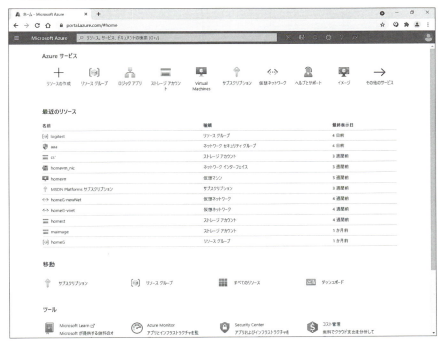

4

■ Azure Portalの管理画面

Azure Portalで、Azureのリソースを管理可能ですが、リソース毎に細かい管理作業は異なります。ただし、基本的な構成は同一なるため、どのリソースでも基本的な情報の確認や管理は同じ管理項目を使って管理可能です。

147

▼ Azure Portalの管理画面

・概要

リソースの概要が確認できます。リソースの種類によって表示される項目は異なりますが、リージョン情報などはほとんどのリソースで表示されます。

・アクティビティログ

対象のリソースに対して、Azure Portalなどの管理ツールを利用して行った作業が確認できます。リソースの開始、停止、作成（デプロイ）などさまざまな情報が確認できます。

・アクセス制御（IAM）

リソースへのアクセス制御を管理します。誰がどのような操作ができるのかを定義します。

・タグ

リソースへのタグ付けを行い、リソースの整理やコスト管理の際のフィルタに利用します。

（3）Azure Cloud Shell

Azure Portalに接続後に利用できるコマンドラインツールです。Webブラウザから利用できるため、手軽にCUI環境を利用でき、利用者の好みに合わせてPowerShellとBashからシェルを選択することが可能です。

Azure Portalの上の、以下の画面のアイコンをクリックすることで起動できます。

▼ Azure Cloud Shell

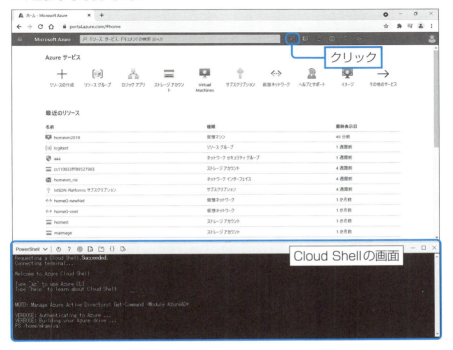

　GUI環境から手軽にコマンドが使えることで、CUI環境の利用にはOSへのインストールが必須であった環境を大きく変えました。しかし、セッションの制限があり、利用しない状態が20分間続くとタイムアウトするため、この点は注意が必要です。

(4) Azure PowerShell

　Windows環境で使われている Windows PowerShell と同じ使用感で利用できるコマンドラインツールです。Windows、Linux、MacOSで利用することができますが、事前インストールが必要となる点は要注意です。また、多くのサンプルやノウハウが蓄積されているため、公開されている情報を利用して多くのAzureサービスの管理をかんたんに学習できます。

　また、スクリプトとしてファイルの保存することで繰り返し作業を自動化することが可能です。

(5) Azure CLI

　Azure PowerShellと同様のコマンドラインツールです。**Linuxライクなコマンド利用ができる**ため、Linux環境に慣れた方はこのツールがコマンドラインツールとして適切です。Azure PowerShellとほぼ同様のことが可能でありCloud Shellでも利用可能です。

　Windowsに慣れている方はAzure PowerShell、Linuxに慣れている方はAzure CLIというように使い分けが可能です。管理者の好みで分けることも可能です。

(6) Azure Mobile Apps（Azure モバイルアプリ）

　Azureの管理の一部と、情報の確認に使えるスマートフォンのような小型端末用に作られたモバイルアプリです。iOS/Androidに対応しています。

　以下の作業が可能です。

・Azureリソースの状態確認
・仮想マシンの起動や停止（再起動）
・Cloud Shellを利用した管理

▼ Azure Mobile Apps

　タブレットであれば、Webブラウザを利用したAzure Portalからさまざまな作業が可能であるため、特にスマートフォンのような小型の画面での操作をターゲットとしています。かんたんな仮想マシンの確認やアラートの確認が可能です。また、事前にスクリプトを用意した上でCloud Shellを利用して、それを実行

することも可能であり、高度な処理も実現可能です。

2 用途に応じたAzureのツール

Azureの利用時の推奨事項やベストプラクティスを提供するためのツールを、ここでは学習します。コスト、セキュリティ面でサポートを行うことも可能です。また、テンプレートを用いて新規リソース作成時のガバナンスを強化することや保守作業のための情報を得ることなどが可能です。

(1) Azure Advisor

Azure Advisorは、サブスクリプションの利用者に対して、Azureを利用する上でのベストプラクティスを提供します。クラウド上の個人に対するコンサルタントのようなサービスを提供します。リソースの状況などが分析された上で、Azureリソースの**コスト**、**パフォーマンス**、**信頼性**、**セキュリティ**、**オペレーショナルエクセレンス**を向上するための**推奨事項を提案**します。

▼ Azure Advisor

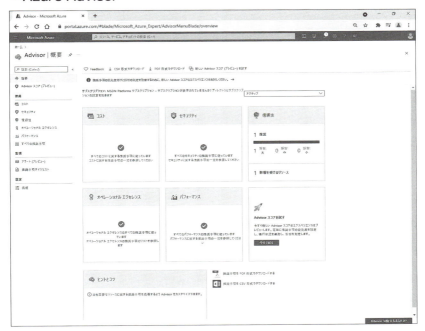

参考　**Azure Advisorの概要**
https://docs.microsoft.com/ja-jp/azure/advisor/advisor-overview

Azure Advisorから提案される推奨事項は、以下の5項目に分類されます。

■信頼性（旧称：高可用性）

対象リソースの継続性（稼働率など）に影響する推奨事項を提案します。

■セキュリティ

セキュリティ侵害を受ける可能性のある脆弱性を検出、および脅威を受ける可能性を分析して、緩和、修正する内容を提案します。

■パフォーマンス

アプリケーション、サービスの動作を改善する方法を提案します。主に速度向上などが見込めます。

■コスト

名前の通り、コストを確認し、全体的な支出を調整し、削減する方法を提案します。

■オペレーショナルエクセレンス

Azureの管理、デプロイ、Azure運用時の注意事項（リソース数の上限）に関する推奨事項を提案します。

参考
https://docs.microsoft.com/ja-jp/azure/advisor/advisor-operational
-excellence-recommendations

Azure Advisorは、あくまでも推奨事項を提案するだけであり、利用を制限することや期限などを構成するものではありません。したがって、提案事項を実施するかは利用者に委ねられています。

(2) Azure Resource Manager templates（ARMテンプレート）

Azureのデプロイをコード化し、同じ作業を繰り返し実施することや、基本となるインフラストラクチャを提供する**雛型を提供**し、常に一定した環境の提供に大きく寄与します。また、運用から開発の流れを途切れることなく実施することで、アプリケーション開発の速度向上にも大きく貢献することが可能です。

■オーケストレーション

テンプレートを用いてデプロイを行うことで、一括でAzureリソースのデプロイを実現できます。Azure Portalやコマンドラインツールで、デプロイを実行するためには、多くのリソース作成を個別に命令する必要があります。しかし、テンプレートを利用すると、テンプレート内に宣言された内容を一回の命令ですべてARMに通知することが可能です。テンプレート内のリソースの作成順番などはARMが判断し適切な形で実行されます。

■宣言型の構文

Azureのリソースを複数含めてテンプレートが構成できます。たとえば、仮想マシンの作成時に必要となる仮想ネットワークやストレージを、同時に宣言してテンプレートに含めることが可能です。

■モジュール形式

テンプレートは、他のテンプレートを含むことも可能であり、テンプレートを部品として利用することが可能です。それぞれのテンプレートが再利用可能な構成部品として利用可能です。

■拡張性

デプロイスクリプトを追加可能です。テンプレートを利用したデプロイ時に、スクリプトを実行して、リソースをさらにカスタマイズすることが可能です。デプロイスクリプトを利用することで、雛型をベースとしつつ、デプロイ毎に個別の設定を入れ込むことが可能となります。

> 【例】第一開発部と第二開発部でベースのOSやインフラストラクチャを統一しつつ、ミドルウェアのWebサーバーの構成のみ変える。

■デプロイの追跡

テンプレートを使ったデプロイはすべて、デプロイ履歴で確認することが可能です。細かなパラメータの値やその結果を追跡可能です。

▼デプロイの追跡

　さらにくわしい詳細は、以下の参考サイトで確認できます。

参考	ARMテンプレートとは

https://docs.microsoft.com/ja-jp/azure/azure-resource-manager
/templates/overview

(3) Azure Monitor

　Azure Monitorは、その名の通りAzure全体のモニターを可能とする監視ツール
です。従来Azureは、監視機能や分析機能が各リソースに存在しており、サブス
クリプション全体を確認することが難しかったため、Azure Monitorを利用してそ
れらをまとめて確認することが可能となり、運用管理に不可欠な監視を可視化、
自動化することが可能となります。

■ソースデータ

　Azure Monitorでは、Azure上で出力されるデータを収集することが可能です。
また、オンプレミス環境などさまざまな場所から出力されるデータもカスタム
データとして取り込むことが可能です。

■メトリックとログ

　Azure Monitorでは、システム上で都度出力される軽量なデータをメトリックと
して可視化することが可能です。メトリックとは、特定の時点におけるシステム
の何らかの側面を表す数値です。

　ログは、記録をとり可視化および、分析、洞察を得ることが可能です。ログ

データはクエリを利用して必要な情報のみにスリム化することでさまざまな知見を得られます。

▼ Azure Monitor

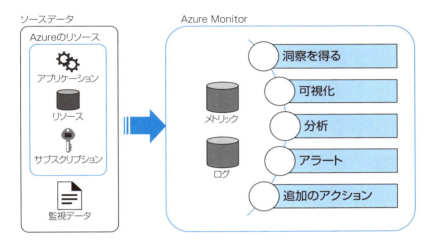

Azure Monitorでは、Log Analyticsで利用される**Kusto**※**クエリ**が利用されます。

※ Kustoクエリ：SQLクエリのように情報の検索に使われる命令。Azure Monitorで収集したさまざまなデータをKustoクエリによって検索し、必要な情報にフィルタ、集約することができる。

> **参考** **Kustoクエリ**
>
> https://docs.microsoft.com/ja-jp/azure/data-explorer/kusto/query/
>
>

Azure Monitorでは、以下のようなリソースの監視や警告作成が可能です。

・Application Insightsを利用したアプリケーションの状態や依存関係などの診断
・Log Analyticsを利用したログの分析
・アラートを利用した運用サポート
・ダッシュボードを利用した収集した情報の可視化
・メトリックを利用した監視

（4）Azure Service Health（サービス正常性）

　Azure Service Healthは、現在利用中のサービスの状況が確認できます。リージョン内のサービスの正常性や次に予定されているメンテナンスなどの情報を、ダッシュボードを通して知ることが可能です。

■Azure Service Healthで確認できるイベント

・サービスの問題
・定期的メンテナンス
・サービスの正常性の情報
・セキュリティに関する情報

▼Azure Service Health（サービス正常性）

演習問題4-2

問題1. ➡解答 p.160

次の説明文に対して、はい・いいえで答えてください。

アプリケーションの開発をしている組織があります。アプリケーションの開発に注力するために、インフラストラクチャをクラウドで調達しようと考えています。しかし、専任のクラウド担当者を立てることが難しく、アプリケーション開発者でもかんたんに操作ができるAzureの採用を考えています。GUIによる操作とコマンド入力による操作のどちらもできる環境での管理を考えています。Azure Portalでこの目的は達成できますか？

A. はい
B. いいえ

問題2. ➡解答 p.160

次の説明文に対して、はい・いいえで答えてください。

Azureの管理を使い慣れているコマンドラインツールで実行しようと考えています。Windows 10がインストールされたコンピューターを準備してAzure PowerShellを使った管理を監視予定です。Azureのサブスクリプションを購入後に、新しくノートPCを購入してWindows 10をインストールしました。すぐにWindows PowerShellを起動して管理を開始できますか？

A. はい
B. いいえ

問題3.

➡解答　p.160

次の説明文に対して、はい・いいえで答えてください。

　組織のメンバーから外出中にアプリケーションの調子が悪いと連絡がありました。状況をヒアリングした結果、仮想マシンの再起動で対処が可能であると判断したため、Azure Mobile Appsを利用して仮想マシンを再起動しようとしました。この操作は可能ですか？

A. はい
B. いいえ

問題4.

➡解答　p.161

Azure Advisorを利用して得られる推奨事項の提案は、以下のどれですか？適切なものをすべて選択してください。

A. コスト
B. セキュリティ
C. 信頼性（高可用性）
D. パフォーマンス

問題5.

➡解答　p.161

　Azure Advisorで、セキュリティに関する推奨事項が提案されたため、リソースのセキュリティを考慮して、推奨事項に合わせて構成を変更し、安全性を確保しました。Azure Advisorが提案する推奨事項を利用しない場合に、何か問題はありますか？

A. セキュリティに関する推奨事項を実行しないと、リソースがロックされます。
B. セキュリティに関する推奨事項を実行しないと、サブスクリプションがロッ

クされます。

C. 特に何も起きませんが、対処しない場合のリスクを組織で検討することが
望ましいです。

D. パフォーマンスに関する推奨事項を実行しないと、自動的にその推奨事項
が実行されます。

E. パフォーマンスに関する推奨事項を実行しないと、対象リソースが停止し
ます。

4

問題6.　　　　　　　　　　　➡解答　p.161　

Azureを利用して社内のシステムを管理している組織があります。Azure
Portalを利用して、ARMを利用した管理の確認をしようと考えています。管理
者ユーザーが行った操作を監査するためにどのツールを利用しますか？　すべ
て選択してください。

A. Azure Monitor
B. 各リソースのアクティビティログ
C. 仮想マシン内のアプリケーションログ
D. 仮想マシン内のシステムログ

問題7.　　　　　　　　　　　➡解答　p.162　

Azureで管理しているリソースの停止を防ぐために、Azureの計画的なメン
テナンス情報の確認をしようと思います。何を利用して確認しますか？

A. Azure Service Health（サービス正常性）
B. リソース正常性
C. Azure Monitorログ
D. Azure Monitorメトリック

解答・解説

問題1.
➡問題　p.157

解答　A.

解説

　達成可能です。**Azure Portal** は、GUIでの管理が可能でAzureのほとんどの操作が可能です。また、**Azure Cloud Shell** はAzure Portalから起動可能なコマンドラインツールであるため、コマンドによる管理も可能となります。

問題2.
➡問題　p.157

解答　B.

解説

　すぐに管理を開始できません。**Windows PowerShell** は、Windows 10にあらかじめ用意されたPowerShellのツールになりますが、**Azure PowerShell** は事前の**インストールが必要**となるため、マイクロソフトのWebサイトからダウンロードして、インストーするなどの事前の準備作業が必須です。また、PowerShellGetと呼ばれるPowerShellのツールを使って、インストールをすることも可能です。

> 参考　**PowerShellGet**
> https://docs.microsoft.com/en-us/powershell/scripting/gallery
> /installing-psget?view = powershell-7.1
>
>

問題3.
➡問題　p.158

解答　A.

解説

　可能です。**Azure Mobile Apps** は、仮想マシンの状況確認やかんたんな管理操作（起動や停止など）が可能です。また、リソースグループを確認して状況の確認なども可能です。さらに、Cloud Shellが利用できるため、その他の操作も可能です。事前にスクリプトを用意しておけば、複雑な操作も手軽にスクリプトの実

行で、実現可能です。

問題**4.**　　　　　　　　　　　　　　　　　　　　　➡問題　p.158

解答　　A.、B.、C.、D.

解説

Azure Advisorは、コストの削減に関する提案や、パフォーマンス、セキュリ
ティに関わる推奨事項および、信頼性を高める方法などを提案します。さらに、
オペレーショナルエクセレンスと呼ばれるリソースの管理性や、デプロイ、運用
プロセスに関する追加の推奨事項を提案することも可能です。

問題**5.**　　　　　　　　　　　　　　　　　　　　　➡問題　p.158

解答　　C.

解説

Azure Advisorは、推奨事項を提案するだけで強制力や自動化とは無関係で
す。したがって、推奨事項に対して特にアクションを起こすことは必須とはされ
ていません。ただし、セキュリティに関する推奨事項を実行しないと、そのこと
によるセキュリティインシデントが発生する可能性が高まるため、十分な検討を
することをお勧めします。

問題**6.**　　　　　　　　　　　　　　　　　　　　　➡問題　p.159

解答　　A.、B.

解説

ARM（Azure Resource Manager）は、利用者に対してのアクセスと一貫した
Azureのリソースを管理するAzureの管理の基盤です。一般的な管理作業をする
とアクティビティログに記録が残り、Azure Portalの各リソースの画面で確認で
きます。また、Azure Monitorを利用してアクティビティログを確認することも
可能です。仮想マシンで出力されるログは、アプリケーションやOSの管理に関
するログとなるため、Azureの管理のログではありません。

問題7.　　　　　　　　　　　　　　　　　　　　　　➡問題　p.159

|解答|　A.

|解説|

　Azure Service Health（サービス正常性）で、Azureのサービス状態を確認できます。利用中のサブスクリプションに関係のあるサービスの状態、計画メンテナンス、セキュリティの状態、リソース正常性などさまざまな健康状態（サービスの状態）を確認可能です。Azure Monitorでも、アラート（警告）やログ、メトリックを構成できますが、計画的なメンテナンス自体の確認にはAzure Service Healthが適切です。

第5章

一般的なセキュリティおよびネットワークセキュリティ機能

Azureのセキュリティ機能

この節ではさまざまなMicrosoft Azureのサービスに対するセキュリティ対策および攻撃の検知に関わるサービスについて学習します。

1 Azure Security Center の基礎

Microsoft Azureではさまざまなサービスを実装し、運用することができます。しかし、それぞれのサービスに対して必要なセキュリティ対策をバラバラに実装しなければならない場合、その運用は非常に複雑なものになります。そこで、Microsoft Azureではサービスに対して必要なセキュリティ対策を一元的に管理できるようになっています。このサービスを Azure Security Center と呼びます。

Azure Security Center は、AzureやAWSなどのクラウド仮想マシンやオンプレミスのサーバー(社内設置のサーバー)、そしてAzureで提供されるPaaSの各サービスの情報を取り込み、それぞれの状態監視や可視化を行い、セキュリティに関するアドバイスを行います。

▼Azure Security Centerのアーキテクチャ

Azure Security Center は、基本的な状態監視サービスを無料で提供します。一方、脅威の検出をはじめとする高度なサービスに対しては、Azure Defender と呼ばれる有償のサービスを提供し、それぞれ利用できるようになっています。

(1) Azure Security Centerによる監視

Azure Security CenterはMicrosoft Azureに登録された仮想マシンやApp Service、ストレージアカウントなどのPaaS系サービスの監視を自動的に開始します。そのため、監視のための事前設定を行う必要がありません。

一方、Amazon Web Services (AWS) やGoogle Cloud Platform (GCP) のリソースを監視対象とする場合、これらのサービスへの接続設定を事前に行う必要があります。

また、オンプレミスのサーバーを監視対象とする場合、専用のエージェントを事前にインストールし、監視できるように構成する必要があります。

(2) Azure Security Centerダッシュボード

Azure Security Centerは、Microsoft Azure管理ポータル画面の[セキュリティセンター]からアクセスできます。セキュリティセンター画面では「ダッシュボード」と呼ばれるセキュリティの適用状況に関する概要を一覧で把握できる画面が用意されており、大きくの次の4つの項目が用意されています。

・セキュアスコア
・規制コンプライアンス
・Azure Defender
・Firewall Manager

セキュアスコアと規制コンプライアンスはAzure Security Centerの機能として無償の範囲で、Azure DefenderとFirewall ManagerはAzure Defenderの有償ライセンスの範囲でそれぞれ利用できます。

5

165

(3) セキュアスコア

　セキュアスコアは、Azure Security Centerが集めたリソースの情報からマイクロソフトが推奨するセキュリティ設定のうち、どこまでの設定に対応しているかについて数値化したものです。これにより自社のセキュリティ対応状況が把握できるメリットがあります。

▼ Azure Security Center－ダッシュボード画面

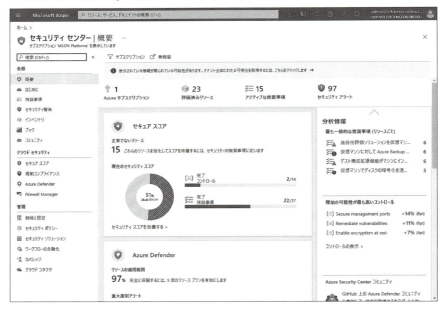

(4) 推奨事項

　セキュアスコアをクリックすると、サブスクリプション単位で対応できていないセキュリティ設定を推奨事項として画面に表示します。たとえば、上の画面ではセキュアスコアが51%と表示されていますが、残りの49%の行うべき作業について推奨事項で具体的に示しています。

▼ Azure Security Center－推奨事項画面

　たとえば、推奨事項の[MFA※を有効にする]項目ではMicrosoft Azureにサイン
インするときに多要素認証を有効にし、不正アクセスを防ぐように案内していま
す。こうした案内に対して、修復の手順を同時に提供することでガイドに沿って
かんたんにセキュリティ設定を施し、セキュアスコアを上昇させ、理想のセキュ
リティ環境に移行することができます。

※MFA：Multi-Factor Authentication：多要素認証（6-1節参照）

(5) 規制コンプライアンス

　ダッシュボードからアクセス可能な[**規制コンプライアンス**]では各種法令や業界で定めた規制などに自社のMicrosoft Azureがどこまで適用しているかについて確認できます。画面ではISO 27001、PCI DSS 3.2.1、SOC TSPへの対応状況がセキュアスコアと同じように確認できます。

　また、それぞれのコンプライアンス規制は非対応な設定があれば、具体的に行うべき作業を推奨事項と同じように案内します。

▼Azure Security Center−規制コンプライアンス画面

(6) Azure Defender

　Azure Security Centerは、Azureリソースを対象とする状態の監視と推奨事項の案内を無料のサービスとして行いました。これに対して、Azure Defenderでは Azureリソースだけでなく、AWSやGCP、オンプレミスのサーバーを対象に広げ、社内リソースのセキュリティも一元的に管理できます。

　また、推奨事項の案内だけでなく、セキュリティ脅威に基づくアラートなどをトリガーにしてロジックアプリを実行し、脅威への対応を自動化することができます。

▼ Azure Defenderによる不適切なIPからのアクセスを示すアラート

　そのほか、理想のセキュリティ設定を**ポリシー**として実装し、Azureリソースに適用させたり、**Just In Time VMアクセス**を利用して一定期間のみ仮想マシンへのRDP接続を許可させるなどの追加セキュリティ機能が利用できます。

169

2 Azure Sentinel

Azure Sentinelは、SIEM（Security Information and Event Management）と呼ばれる機能の一種で、さまざまなサーバーやサービスのログを収集・分析し、セキュリティインシデントの検出時には、アラートを出力して管理者にインシデント（セキュリティ上の事故）を通知します。

▼Azure Sentinelによるインシデントの検出画面

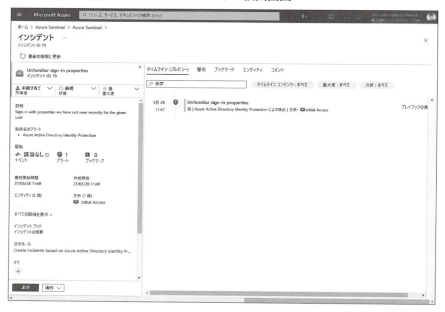

　また、インシデント発生時には単純に通知を行うだけでなく、あらかじめAzure Sentinelの中で用意されたデータベースに基づきインシデント内容の調査やインシデントへの対処を自動的に行うことで、セキュリティ運用を自動化することができます。このようなセキュリティ運用を自動化するサービスを一般的にSOAR（Security Orchestration, Automation and Response）と呼びます。

　つまりAzure Sentinelはログ収集と検出を担当するSIEMとしての役割と、収集したログからインシデントの調査と対処の自動化を担当するSOARとしての役割を持つサービスといえます。

▼ Azure Sentinel 処理のステップ

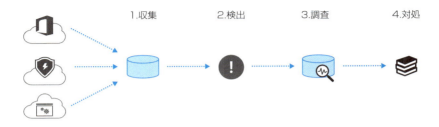

1.収集　2.検出　3.調査　4.対処

前の項で解説した Azure Security Center はセキュリティインシデントの防止を目的としたサービスであったのに対して、Azure Sentinel はインシデントの検出や対応を目的として利用する点が異なります。

3　Azure Key Vault

Azure Key Vault は、Azureのリソースにアクセスするために必要な証明書やパスワード、APIアクセスに必要なシークレットキーなどの重要な情報を安全に格納するためのサービスです。

通常、証明書はファイルとして、パスワードは文字列ベースのデータとして情報を保持しています。しかし、これらの情報はコピーする、盗み見られるなどの方法によって漏えいし、不正に使われる可能性があります。

そこで、Azure Key Vault ではこれらの情報を Azure Key Vault 内のコンテナーと呼ばれる領域でデータを格納しておきます。そうすることで、コンテナーに関連付けられたアクセスポリシーで定められたアクセスのみを許可し、不正アクセスを防ぐことができます。

▼Azure Key Vault全体の構成

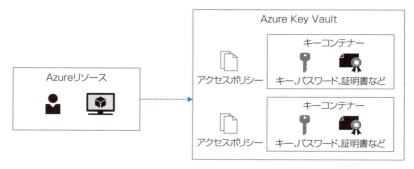

　アクセスポリシーでは、コンテナーに格納された証明書やパスワードなどのコンテンツへのアクセス権を定義します。アクセス権はどのAzureリソースからアクセスすることを許可するか、などを定義します。たとえば、コンテナーに格納されたパスワードをAzure仮想マシンが利用する場合であれば、Azure仮想マシンからのみコンテナーへのアクセスを許可するように構成します。

4　Azure専用ホスト

　Azure専用ホストとは、Microsoft Azureのサブスクリプションに対して、特定のデータセンター内の物理サーバーを割り当てて利用するサービスです。Azure仮想マシンを特定の物理サーバーに割り当てることで、他のAzure仮想マシンが同じ物理サーバーに割り当てられることがないため、Azure仮想マシンを別々の物理サーバーで動作させることができます。

演習問題5-1

問題1.

→解答　p.175

あなたの会社では、社内設置のサーバーをAzure仮想マシンに移行しようとしています。このとき、社内設置のサーバーの、セキュリティ上の問題を事前に解決し、その上で移行したいと考えています。この場合、Microsoft Azureのどのようなサービスを利用してセキュリティ上の問題を把握すればよいでしょうか？

A. Azure Monitor

B. Azure Security Center

C. Azure専用ホスト

D. Azure Information Protection

問題2.

→解答　p.176

あなたの会社では、業務で使用する仮想マシンがMicrosoft AzureとGoogle Cloud Platformに分かれて動作しています。あなたはセキュリティ上の問題を把握するためにそれぞれプラットフォームで動作する仮想マシンの状況を調べる必要があります。このとき、Google Cloud Platformで動作する仮想マシンを調べるために必要な事前設定として何を行うべきでしょうか？

A. クラウドコネクタの設定

B. 推奨事項のセットアップ

C. セキュアスコアの初期設定

D. 特に何も行う必要はない

問題3.　　　　　　　　　　　　　　　　　➡解答　p.176

　あなたの会社では、日常の業務で利用するサーバーが社内設置のサーバーと Azure仮想マシンに分かれて動作しています。このようなハイブリッド環境の状態でISO 27001認証を取得するためのプロジェクトが社内で立ち上がりました。あなたは認証取得のための第一歩として、設定が非準拠なリソースを見つけるため Azure Security Center ダッシュボードの[規制コンプライアンス]を参照しました。この操作は認証取得のための作業として正しいでしょうか？

　A. はい
　B. いいえ

問題4.　　　　　　　　　　　　　　　　　➡解答　p.176

　あなたは Azure 仮想マシンのメンテナンスを業務の一環として行っています。具体的には RDP プロトコルを利用して仮想マシンに接続し、メンテナンス作業を行っています。

　ある日、仮想マシンのサインインログを参照したところ、大量のサインイン試行が記録されていたことが確認できました。このような不正アクセスを防ぐために一定期間だけ RDP プロトコルを利用したサインインができるように構成したいと考えています。以下の選択肢から行うべき作業を選択し、実行する順番に並べ替えてください（2つ選択）。

　A. メンテナンス対象の仮想マシンで Just In Time VM アクセスを有効にする
　B. 多要素認証を設定する
　C. Azure Sentinel でサインインログを収集する
　D. Azure Defender ライセンスを購入する

問題5.　　　　　　　　　　　　　　　　　➡解答　p.177

　Azure AD に不正にサインインし、Office 365内のメールボックスへの不正アクセスがあった場合、そのことを一か所からまとめて参照し、必要に応じて

自動的にインシデント対応が済ませられるようにしたいと考えております。この場合、どのようなMicrosoft Azureのサービスを利用すればよいでしょうか？

A. Azure AD

B. Azure Security Center

C. Azure Sentinel

D. Azure AD Identity Protection

5

問題6.

→解答　p.177　

あなたの会社では、Microsoft Azure内で利用するコンテンツのうち、重要なコンテンツはAzure Key Vaultを利用して一元的に、安全に管理したいと考えています。Azure Key Vaultに保存できないコンテンツを選択してください。

A. Azure ADトークン

B. 証明書の秘密鍵

C. パスワード

D. APIアクセスのためのシークレットキー

解答・解説

問題1.

→問題　p.173

解答　　B.

解説

Azure Security Centerは、オンプレミス、クラウドを問わず、コンピューター（仮想マシン）のスキャンを行い、セキュリティ上の問題点を推奨事項として指摘するサービスです。なお、Azure Information Protectionは、ファイルの暗号化とアクセス許可の制御を行うためのサービスであり、セキュリティ上の問題を把握するために利用することはできません。

演習問題

問題2. ➡問題　p.173

解答　　A.

解説

　クラウドコネクタは、Amazon Web Services（AWS）やGoogle Cloud Platform（GCP）のリソースを監視するために必要な接続設定で、最初に一度だけ設定を行う必要があります。なお、セキュアスコアや推奨事項はAzure Security Centerに接続されると自動的に出力されるものであり、事前セットアップを行う必要はありません。

問題3. ➡問題　p.174

解答　　A.

解説

　Azure Security Centerダッシュボードの[規制コンプライアンス]は、監視対象リソースを監視し、ISO 27001、PCI DSS 3.2.1、SOC TSPなどの認証や規制に準拠しているか、また非準拠の場合にはどのような設定が必要であるかを確認するためのメニューです。

　また、[規制コンプライアンス]では、[推奨事項]メニューなどと同じように、足りていない設定を提示するだけでなく、行うべき設定を同時に提示します。

問題4. ➡問題　p.174

解答　　D. → A.

解説

　Just In Time VMアクセスは、RDPプロトコルによるアクセスを行うタイミングで管理者が申請を行うと、一定期間だけ接続を許可します。これによりRDPプロトコルによる不正アクセスの可能性を最小限に抑えることができます。また、Just In Time VMアクセスは、Azure Defenderライセンスの機能として利用できるため、事前にライセンスを購入する必要があります。

　なお、Azure Sentinelでは、仮想マシンのサインインログを収集することができますが、収集することによってRDP接続の制限につながるわけではありません。

問題5.

➡問題　p.174

解答　C.

解説

　Azure Sentinelは、さまざまなクラウドサービスでのアクティビティログの収集を行うSIEMとしてのサービスと、ログの内容からインシデントに当たる内容の検出と調査・対処までの作業を自動化するSOARとしてのサービスを提供します。これらのサービスによりインシデント対応の自動化を実現します。

　なお、Azure AD Identity Protectionは、Azure ADに対する不正アクセスを検知するためのサービスであり、Office 365への不正アクセスを検知する機能を持ちません。

5

問題6.

➡問題　p.175

解答　A.

解説

　Azure Key Vaultは、キーコンテナーと呼ばれる領域にシークレットキー、パスワード、証明書の各コンテンツを保存し、アクセスポリシーで定められたアクセス条件を満たす場合にのみアクセスを許可します。Azure ADから発行されるトークンはAzure ADへの認証・認可のタイミングで動的に発行されるものであり、事前にAzure Key Vaultに保存しておくことはできません。

　シークレットキーとは、マイクロソフトのクラウドサービスのAPI（Microsoft Graph API）にアクセスするときなどに利用するパスワードに相当する文字列で、シークレットキーの有無でGraph API利用の許可・拒否を判定します。

演
習
問
題

5-2 Azureのネットワークセキュリティ機能

この節ではAzure仮想マシンを安全に利用するために欠かせないネットワークセキュリティに関連するサービスについて学習します。

1 多層防御

Microsoft Azureでセキュリティ対策を行う目的の1つに、Azureに保存されたデータの保護があります。

データの保護といえば、ファイルを暗号化する、アクセス許可を設定して特定ユーザーだけがアクセスできるようにする、などがありますが、いずれかのセキュリティ対策を選択するのではなく、複数のセキュリティ対策を組み合わせていく方法がセキュリティ対策の基本とされています。特定のセキュリティ対策が攻撃によって破られた場合でも、別のセキュリティ対策を同時に行っていることによって攻撃を防ぐ確率を上げられるからです。

このように複数のセキュリティ対策を組み合わせて実施し、あらゆる攻撃に対応していくセキュリティ対策の考え方を**多層防御**と呼びます。

多層防御で組み合わせるセキュリティ対策は、コンピューターシステムの構成要素を基準に、それぞれの要素で行うべきセキュリティ対策を考えています。

構成要素となる各階層は、次の通りです。

▼多層防御で防御する各階層

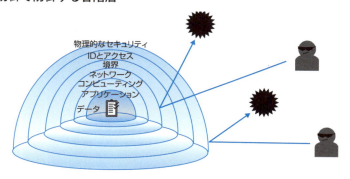

(1) 物理的なセキュリティ

　データセンターやコンピューターのハードウェアなどに物理的にアクセスさせないセキュリティ対策です。Microsoft Azureを利用する場合、マイクロソフトの責任において行うセキュリティ対策になります。

(2) IDとアクセス

　IDとアクセスは認証と認可とも表現されるセキュリティ対策の分野で、認証はユーザー名／パスワードなどを利用して行う本人確認、認可はアクセス許可設定に基づいてアクセス可能な範囲を制御するサービスです。認証と認可を正しく設定することによって、適切なユーザーが適切なファイル等にアクセスできるようになります。

(3) 境界

　境界とは、ネットワークの境界のことで、具体的にはインターネットとMicrosoft Azureの仮想ネットワークとの境界に対して行うセキュリティ対策を指します。具体的には後述するファイアウォールやDDoS攻撃対策が境界のセキュリティ対策に当たります。

(4) ネットワーク

　仮想マシンが他のコンピューターと通信する際のアクセス制御がネットワーク分野のセキュリティ対策になります。具体的にはIPアドレスやポート番号を指定し、特定の通信だけを許可するような設定を行って、セキュリティ対策を実装します。

(5) コンピューティング

　Azure仮想マシンそのものに対するセキュリティ対策で、OSに対して一般的に行うセキュリティ対策がこの分野で必要となるセキュリティ対策になります。具体的にはOSに対して設定する更新プログラム（パッチ）の適用やウイルス対策ソフトによる保護などが挙げられます。

(6) アプリケーション

　Azure仮想マシン上で動作するアプリケーションに対するセキュリティ対策で、具体的にはアプリケーションのパッチ管理やアプリケーションそのもののセキュアな開発、アプリケーション間での安全な通信手法の確立などが挙げられます。

(7) データ

　仮想マシンやストレージに保存されているデータ、SaaSアプリ経由で保存されているデータに対するアクセス制御を行い、適切に保護されるように行うセ

キュリティ対策がこの分野で行うセキュリティ対策になります。

　以上のような、それぞれの分野で行うセキュリティ対策を通じてセキュリティ
対策の原則である、機密性、完全性、可用性を高めていくことが Microsoft Azure
におけるセキュリティ対策でも基本的な考え方になります。
（※多層防御の考え方は AZ-900 の試験範囲になりますが、それぞれの階層で行う
べき具体的なセキュリティ対策については必ずしも試験範囲であるとは限りませ
ん。後続の節で扱う分野が試験範囲と考え、試験対策に取り組んでください。）

2 ネットワークセキュリティグループ

　ネットワークセキュリティグループ（以下、**NSG**）は、**Azure 仮想マシンが外
部ネットワークと通信を行う際の、通信に関する規則を定義したもの**です。
　NSG では IP アドレスとポート番号をベースに通信の可否を定義することで、攻
撃者による不正アクセスをブロックできるメリットがあります。
　NSG は単体の Azure リソースとして作成しますが、利用する際は Azure 仮想マ
シンの**ネットワークインターフェイス（NIC）**またはサブネットに関連付けて使い
ます。
　たとえば、下の図では Windows 仮想マシンの管理を行うために RDP プロトコル
を利用した通信を許可する NSG として NSG-A を作成します。作成した NSG は仮

▼ネットワークセキュリティグループによる接続の可否

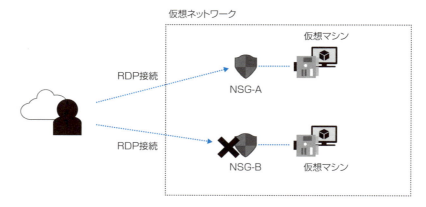

想マシンのNICに割り当てることによって、仮想マシンへのRDP接続が可能になります。一方、Windows仮想マシンへのRDP接続を拒否するNSGとしてNSG-Bを作成した場合、NSG-Bを経由した仮想マシンへのRDP接続はブロックされます。

　NSGはインターネットからの接続を受け付ける[受信セキュリティ規則]とインターネットへの接続を行う[送信セキュリティ規則]があり、それぞれの規則の中で接続を許可・拒否するIPアドレスとポート番号を定義します。

　たとえば、以下のような受信セキュリティ規則を設定した場合、任意のコンピューターから仮想マシンへのHTTPS接続、会社のIPアドレスから仮想マシンへのRDP接続、そして仮想ネットワーク間の任意の通信だけが認められ、そのほかの通信はすべてブロックします。

▼[受信セキュリティ規則]の例

優先度	ポート	送信元	宛先	可否
100	TCP 443 (HTTPS)	任意	任意	許可
300	TCP 3389 (RDP)	会社のIPアドレス	任意	許可
65000	任意	仮想ネットワーク	仮想ネットワーク	許可
65500	任意	任意	任意	拒否

　一方、以下の送信セキュリティ規則では、仮想マシンから別の仮想ネットワークへの任意の通信、仮想マシンからインターネットへの任意の通信をそれぞれ許可し、そのほかの通信をすべてブロックします。

▼[送信セキュリティ規則]の例

優先度	ポート	送信元	宛先	可否
65000	任意	仮想ネットワーク	仮想ネットワーク	許可
65001	任意	仮想ネットワーク	Internet	許可
65500	任意	任意	任意	拒否

3 アプリケーションセキュリティグループ

　ネットワークセキュリティグループは、Azure仮想マシンの単位で通信の可否を定義しましたが、管理すべき仮想マシンの数が増えるとメンテナンス作業が複雑になります。そこで、Microsoft Azureではアプリケーションセキュリティグループ（以下、ASG）と呼ばれる、仮想マシンをグループ化するリソースを用意しています。

　たとえば、下の図では仮想マシンA、B、Cがあり、仮想マシンCは仮想マシンA、Bからの接続だけを受け付けるような規則を仮想マシンCのNSGで作成したいとします。

▼アプリケーションセキュリティグループを利用したグループ化

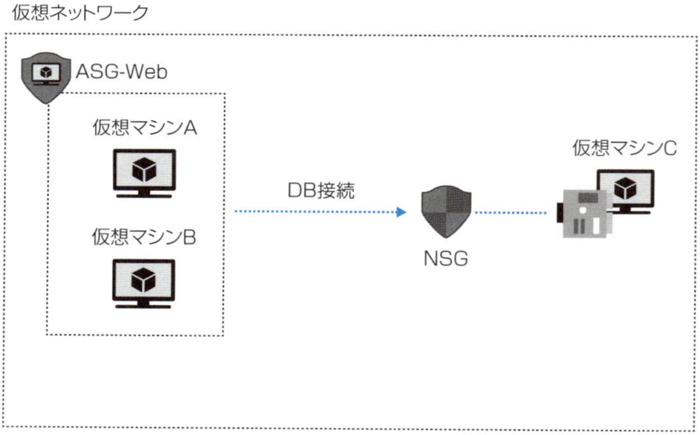

　NSGだけを利用して規則を作成する場合、仮想マシンAと仮想マシンBからの接続を受け付けるような規則をそれぞれ作成しなければなりませんが、仮想マシンA、BをASGとしてグループ化することで、仮想マシンCでNSGの規則を作成するときは規則を1つにまとめられます。

　実際に上の図のような接続を許可するようにNSGを構成する場合、仮想マシンA、BをまとめたASGであるASG-Webをあらかじめ作成しておき、仮想マシンCのNSGではASG-WebからのDB接続を許可するような規則を作成します。

▼仮想マシンCの受信セキュリティ規則

優先度	ポート	送信元	宛先	可否
110	TCP 1433（SQL）	ASG-Web	任意	許可
65500	任意	任意	任意	拒否

4 Azure Firewall

　Azure Firewallは、NSGと同じく仮想マシンの送受信トラフィックの制御を目的としたサービスですが、NSGとは異なり、**仮想ネットワーク全体のトラフィック制御を行うことを目的**としています。Azure Firewallを仮想ネットワークの中で動作するように作成すると、仮想マシンはAzure Firewallを経由してインターネット上のコンピューターと通信するようになります。

5

▼ Azure Firewallによる仮想マシンへのアクセス制御

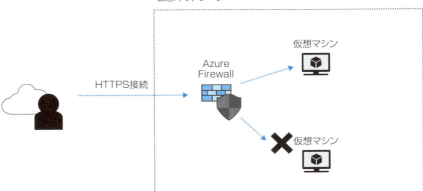

183

5 Azure DDoS Protection

Azure DDoS Protectionは、インターネットから行われる**分散型サービス拒否**(DDoS)**攻撃を検出し、攻撃から Azure 仮想マシンを保護する**サービスです。

DDoS(Distributed Denial of Service)とは、インターネット上に存在する複数のコンピューターから Azure 仮想マシンに対して大量のパケットを送信することで負荷をかけ、結果として Azure 仮想マシンのサービスを利用不能な状態に陥らせる攻撃です。このような攻撃に対して Azure DDoS Protection では攻撃者から送信されるパケットを発見し、その通信をブロックすることで正当なユーザーからのアクセスだけを許可するように構成できます。

Azure DDoS Protection には、Basic と Standard の2種類のプランがあり、Basic は既定で有効化され、自動的に利用開始されるプランです。一方、Standard は Azure 仮想ネットワーク内の仮想マシンを保護するために明示的に有効化する必要があります。

Standard のプランを作成した場合、Azure DDoS Protection は、DDoS 攻撃を受けたときに、その詳細についてレポートで結果を確認できるようになっています。

演習問題5-2

問題1.　　　　　　　　　　　　　　　　　→解答　p.187　

外部ネットワークからAzure仮想マシンに接続する際、RDP、HTTP、HTTPS接続のみ許可するように構成したいと考えています。このときAzureリソースとして何を設定すればよいでしょうか？

A. Azure セキュリティグループ
B. ネットワークセキュリティグループ
C. Azure Security Center
D. Azure Information Protection

問題2.

→解答　p.188　

　外部ネットワークからAzure仮想マシンに接続する際、RDP、HTTP、HTTPS接続のみ許可するように構成したいと考えています。ネットワークセキュリティグループを利用して設定する場合、ネットワークセキュリティグループのどの設定項目から設定すべきでしょうか？

A. プロパティ
B. ネットワークインターフェイス
C. 受信セキュリティ規則
D. 送信セキュリティ規則

問題3.

→解答　p.188　

　あなたの会社では、Azure仮想マシンを新しく作成し、Webサーバーとして構成しました。しかし、作成したWebサーバーには外部からの大量のWebアクセスがあり、不正アクセスの疑いがあります。この問題を解決するために次の設定を行うことは作業として正しいでしょうか？

行った操作：Azure仮想マシンにAzure Firewallを実装する。

A. はい
B. いいえ

問題4.

→解答　p.189　

　あなたの会社では、Azure仮想マシンを新しく作成し、Webサーバーとして構成しました。しかし、作成したWebサーバーにはHTTP/HTTPS以外のプロトコルによる接続試行があり、これらのアクセスを確実に遮断したいと考えています。この問題を解決するために次の設定を行うことは作業として正しいでしょうか？

行った操作：Azure仮想マシンにAzure Firewallを実装する。

  A. はい
  B. いいえ

問題5.
➡解答　p.189

　あなたの会社では、Azure仮想ネットワークvnet-contosoとvnet-fabrikamの2つを作成し、vnet-contoso仮想ネットワークではcontoso-vm1, contoso-vm2, contoso-vm3, contoso-vm4の4台の仮想マシンを、vnet-fabrikam仮想ネットワークではfabrikam-vm1, fabrikam-vm2の2台の仮想マシンを新しく作成しました。

　contoso-vm1, contoso-vm2, contoso-vm3, contoso-vm4の4台の仮想マシンはvnet-fabrikam仮想ネットワーク内の仮想マシンfabrikam-vm1にHTTP接続できる必要があります。このとき、仮想マシンfabrikam-vm1のNSGでAzure仮想マシンのIPアドレスを4台分登録するのは面倒なので、この作業を簡略化させたいと考えています。このときに利用すべきAzureリソースはどれですか？

  A. 受信セキュリティ規則
  B. 送信セキュリティ規則
  C. Azure DDoS Protection Standardプラン
  D. アプリケーションセキュリティグループ

問題6.
➡解答　p.190

　あなたの会社では、Azure仮想ネットワーク内にcontoso-vm1, contoso-vm2, contoso-vm3, contoso-vm4の4台の仮想マシンを新しく作成しました。

　それぞれの仮想マシンはみな同じ受信セキュリティ規則、送信セキュリティ規則で構成する予定です。作成するNSGは最小限にしたい場合、いくつのNSGを作成すればよいでしょうか？

A. 0

B. 1

C. 4

D. 8

問題7.

→解答　p.190　

あなたの会社でWebサーバーとして運用しているAzure仮想マシンでは、外部からの大量のWebアクセスがあり、DDoS攻撃の可能性があります。この問題を解決し、問題の原因がDDoS攻撃であったことを示すレポートを用意したいと考えています。このとき、どのようなAzureリソースを作成すればよいでしょうか？

A. Azure DDoS Protectionリソースを明示的に作成する

B. Azure Firewallを実装する

C. NSGの受信セキュリティ規則でHTTPアクセスに関する規則を削除する

D. 何も行う必要はない

解答・解説

問題1.

→問題　p.184

解答　B.

解説

ネットワークセキュリティグループ（NSG）は、仮想マシンに関連付けて利用するAzureリソースで、IPアドレスまたはポート番号をベースにアクセスの可否を定義できます。なお、Azureセキュリティグループというリソースは存在しません。

問題2.　　　　　　　　　　　　　　　　　　　　　　　➡問題　p.185

解答　C.

解説

　受信セキュリティ規則は、Azure仮想マシンが受信するトラフィックに対する規則を定義したもので、IPアドレスまたはポート番号をベースにアクセス制御できます。そのため、RDP、HTTP、HTTPSプロトコルによる接続を許可するのであれば、受信セキュリティ規則で定義します。

▼受信セキュリティ規則の設定画面

　選択肢の[プロパティ]は、NSGが所属するリソースグループを確認するなど、NSGそのものの情報を参照するための項目です。また、選択肢の[ネットワークインターフェイス]は、NSGを関連付けて利用するAzure仮想マシンのNICを定義する項目です。

問題3.　　　　　　　　　　　　　　　　　　　　　　　➡問題　p.185

解答　B.

解説

　大量のWebアクセスがあり、そのことが不正アクセスである場合、そのアクセスはDoSまたはDDoS攻撃に当たります。そのため、この問題を解決するために利用すべきリソースはAzure DDoS Protectionです。

問題4.
➡問題 p.185

解答 B.

解説

Azure Firewallは仮想ネットワーク内に独立して存在するリソースで、特定の仮想マシンに関連付けて利用するのではなく、特定の**仮想ネットワークに関連付けて**利用します。そのため、Azure仮想マシンにAzure Firewallを実装するという設定を行うことはできません。

問題5.
➡問題 p.186

解答 D.

解説

アプリケーションセキュリティグループ（ASG）は、複数の仮想マシンをグループ化するためのリソースで、ASGを利用することによりNSGでの規則設定が簡略化できます。

▼ASGを利用しない場合の仮想マシンfabrikam-vm1の受信セキュリティ規則

ポート	送信元	宛先	可否
TCP 80 (HTTP)	contoso-vm1のIPアドレス contoso-vm2のIPアドレス contoso-vm3のIPアドレス contoso-vm4のIPアドレス	任意	許可

▼ASGを利用した場合の仮想マシンfabrikam-vm1の受信セキュリティ規則

ポート	送信元	宛先	可否
TCP 80 (HTTP)	contoso-vmのASG	任意	許可

解答の選択肢の[**受信セキュリティ規則**]は、仮想マシンfabrikam-vm1のNSGの設定のために利用します。しかし、問題文は「作業を簡略化させるためのAzureリソース」という問いであるため、受信セキュリティ規則は簡略化させるための設定そのものには当たりません。

問題6.

➡問題　p.186

解答　B.

解説

　NSGは、Azureリソースとして独立しており、Azure仮想マシンのNICに関連付けて利用します。そのため、NSGは複数のNICに関連付けて利用することが可能です。問題文ではすべての仮想マシンで同じ規則を利用するとのことでしたので、NSGは1つだけ作成し、すべての仮想マシンに関連付ければ、1つのNSGで問題文にある構成を実現できます。

問題7.

➡問題　p.187

解答　A.

解説

　Azure DDoS Protectionには、BasicとStandardの2つのプランがあり、Standardプランを実装した場合にのみAzure DDoS Protectionがレポートを生成し、管理者がその内容を参照することができます。Standardプランは明示的にAzure DDoS Protectionリソースを作成する必要があるため、選択肢Aが正解になります

第6章

ID、ガバナンス、プライバシー、コンプライアンスの機能

コア Azure Identity サービス

この節ではMicrosoft Azureのサービスを利用するために必要な認証・認可に関わるサービスについて学習します。

1 認証と認可

Microsoft Azureのサービスに限らず、どのようなクラウドサービスでもサービスを利用するための本人確認や有効なライセンスを保有しているか、などの確認を行います。こうした機能を認証または認可と呼びます。

(1) 認証

サインインやログインなどの言葉でも表現される認証とは、本人確認の機能のことで、一般にはID（ユーザー名）とパスワードを入力して本人確認を行います。ただし、IDとパスワードは単なる文字列の情報であるため、近年ではパスワードが第三者に推測されることで不正アクセスなどの被害が報告されるようになりました。こうした問題に対応するために、IDとパスワードを使った認証の他に、携帯電話を利用した本人確認を行う多要素認証（MFA：Multi-Factor Authentication）を利用することを推奨しています。

(2) 認可

認可とは、認証を済ませたユーザーが特定のサービスや機能を利用するためのアクセス権を持っていることを確認する機能です。クラウドサービスであれば、認証を行ったユーザーがライセンスを保有しているか、サービスにアクセスするためのアクセス権を持っているか、などを認可の機能を通じてチェックします。

2 Azure Active Directory

Azure Active Directory（以降、Azure AD）とは、Microsoft Azureで提供する認証と認可のサービスで、Microsoft AzureやOffice 365などのマイクロソフトが提供するクラウドサービスにアクセスする際に行う認証と認可に使われます。

Azure ADでは次のような機能を提供しています。

(1) ユーザー管理

Azure ADで認証を行うためには、事前にIDとパスワードの情報を登録しておく必要があります。IDとパスワードの組み合わせをユーザー情報としてAzure ADでは管理します。

(2) パスワード利用方法の管理

パスワードが盗まれる、推測されるなどの理由による不正アクセスを避けるため、Azure ADでは複雑なパスワードを強制したり、パスワードによく使われる文字列は設定できないように構成したり、安全にパスワードを利用するような管理ができます。そのほか、多要素認証を利用してパスワードだけに頼らない認証方法を設定したりすることも可能です。

(3) ロールの割り当て

前述のとおり、Azure ADはMicrosoft AzureやOffice 365にアクセスするための認証・認可のサービスとして動作します。認可では、事前にアクセス許可をそれぞれのサービスに対して割り当てておくことで、アクセス制御ができるようになります。また、Azure ADでは、事前に管理者としてのアクセス許可を割り当てておくことで、管理者権限を割り当て、管理者としての作業に対するアクセス制御ができます。

管理者権限はロールと呼ばれる単位で権限管理が行えるようになっており、ロールにはすべての管理が可能なロールである「グローバル管理者」や、Exchange管理者やSharePoint管理者などの特定のサービスに対する管理権限だけが割り当てられたロールも用意されています。

(4) クラウドサービスとの連携

Azure ADでは、マイクロソフト製のクラウドサービスに対する認証・認可だけでなく、マイクロソフト以外のクラウドサービスとも関連付けを行うことで、Azure ADで認証を行った上で他のクラウドサービスへアクセスすることもできます。このような連携によって、どのクラウドサービスにアクセスするときも

6

Azure ADで一度だけ認証を行えば、改めてIDとパスワードを入力する必要がなくなります。このようなアクセスの仕組みを**シングルサインオン**と呼びます。

▼シングルサインオン

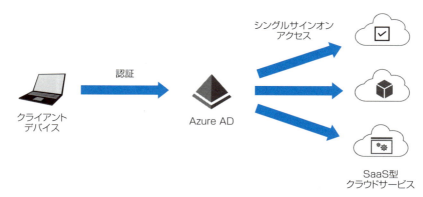

連携方法には、**SAML（サムル）**と呼ばれるプロトコルを使って連携する方法、または認証用のIDとパスワードをAzure ADにあらかじめ保存しておく「**パスワードベース**」と呼ばれる連携方法があります。

（5）APIアクセスの連携

たとえば、会社のポータルサイトとして動作するWebアプリケーションで、Office 365のExchange Onlineに保存されている予定表を参照し、今日の予定をポータルに表示させるような連携を行いたいとします。このような連携を行う場合、一般的にAPI経由で予定を取得することで実現します。どのWebアプリケーションから、どのデータへアクセスさせることを許可するかを制御するためにAzure ADを利用します。

Azure ADではAPIを利用した連携方法として、**OAuth 2.0（オーオース）**と呼ばれるプロトコルをサポートしています。

▼ APIアクセスの連携

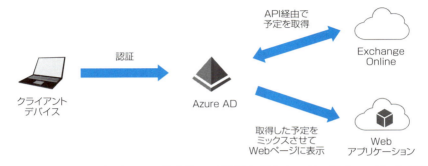

Azure ADではIDとパスワードを使って認証を行うと、どのID（ユーザー）で認証を行ったかによって、どのようなアクセス権が与えられるか（認可）が異なります。

▼ Azure ADで行う認可機能の一覧

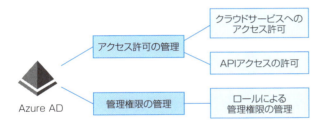

（3）で解説したロールは、管理者としての作業を行うための設定、（4）と（5）で解説したアクセス許可は、ユーザーがクラウドサービスにアクセスしたり、APIアクセスしたりするための設定について紹介しました。

以上のことから、Azure ADは認証と認可の機能を提供する仕組みであることがおわかりいただけるでしょう。

3 Azure Active Directory Connect

　Azure ADを利用してID管理を行う場合、最初に行う管理作業としてユーザー作成があります。ユーザーは従業員ごとに作成するため、大規模な企業になれば作成しなければならないユーザーの数も多くなり、管理が煩雑になります。

　そこで、Azure ADでは、すでに企業でActive Directoryを利用したユーザー管理を行っている場合、Active Directoryに保存されているユーザーをAzure ADに同期することで、Active Directoryに保存されたユーザーと同じユーザー名とパスワードをAzure ADでも使えるように構成できます。このとき、Active Directoryから Azure ADへの同期を行うツールとして Azure Active Directory Connect（以降、Azure AD Connect）があります。

　Azure AD Connectは、Windows Serverにインストールして利用するツールで、インストールを行うと30分に一度の間隔で自動的にActive Directoryに保存されているユーザーやグループなどの情報をAzure ADに同期します。

　同期結果はAzure AD Connectのインストール時に一緒にインストールされる Synchronization Servicesツールより確認できます。

▼ Synchronization Servicesツール

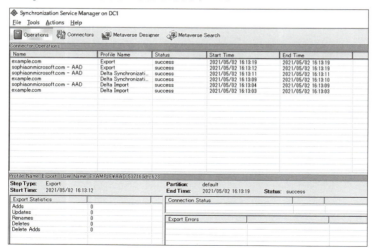

4 多要素認証

　前項でも解説したように、IDとパスワードを利用した認証は、単なる文字列を利用した認証であるため、なにかしらの方法でIDとパスワードが知られてしまうと不正アクセスに遭う可能性があります。こうしたトラブルを避けるために、Azure ADでは文字列という情報だけでなく、物理的なデバイスを所有しているかを判断基準に認証を行う方法をサポートしています。

　このようなIDとパスワードという情報と、物理的なデバイスの所有という、複数の要素を組み合わせて行われる認証方法を多要素認証と呼びます。

（1）多要素認証の方法

　ID／パスワードと共に利用する多要素認証の方法として、主に次の方法があります。どの方法を選択するかは、多要素認証の設定を有効化した後、最初に認証を行ったタイミングで選択できます。

■Microsoft Authenticatorアプリを利用した認証

　Microsoft Authenticatorアプリは、iOS、Android用アプリとして提供されており、スマートフォンにインストールして、IDの事前登録を行っておくことにより、認証時にIDとパスワードを入力したタイミングでMicrosoft Authenticatorアプリに通知が表示されます。

　通知画面で[承認]をタップすることで認証を完了することができます。

■SMSを利用した認証

　あらかじめ携帯電話番号を登録しておくことで、認証時にIDとパスワードを入力したタイミングで、携帯電話にショートメッセージ（SMS）が送られます。メッセージに書かれた番号を認証画面に入力することで認証を完了することができます。

▼認証時にアプリに通知

6

■通話による認証

　あらかじめ携帯電話番号を登録しておくことで、認証時にIDとパスワードを入力したタイミングで携帯電話に着信があります。音声ガイダンスに従って#ボタンを押すと、認証を完了することができます。

(2) 多要素認証の有効化

　多要素認証を利用する場合、次の3つの方法で有効化することができます。

■ユーザー単位の設定

　Azure ADでは、ユーザー単位で多要素認証の有効／無効を設定できます。たとえば、「管理者は有効、一般ユーザーは無効」のような運用が可能になります。

■セキュリティ既定値群

　2019年10月以降に新規作成したAzure ADでは、セキュリティ既定値群と呼ばれる機能が既定で有効になっています。これにより管理者に対しては強制的に多要素認証を有効化、一般ユーザーに対しては多要素認証に必要なアプリまたは携帯電話の登録だけが強制的に行われます。

■条件付きアクセス

　Azure ADでは、Azure AD経由でクラウドサービスにアクセスする際、特定の条件に当てはまるアクセス方法であったときに、アクセスを許可する、もしくは拒否するといったアクセス制御を行えます。このとき、アクセス制御は単純に許可／拒否を行うだけでなく、多要素認証を行うように構成することができます。

5 Azure AD Identity Protection

　Azure AD Identity Protectionとは、Azure ADにおける不正アクセスの検知もしくは未然に防止するためのサービスで、有償契約であるAzure AD Premium P2ライセンスを通じて提供されます。

　Azure AD Identity Protectionには、[ユーザーリスク]と[サインインリスク]の2種類があります。ユーザーリスクは多要素認証を設定していないなどの不正アクセスに遭う可能性が高いユーザーの検出、サインインリスクは普段利用する場所とは異なる場所からの認証やありえない移動(東京で認証を行った1分後に香港で認証するなど)、ダークウェブで使われる匿名IPアドレスからの認証など、不正アクセスの可能性が高い認証の検出を行います。

　これらの不正アクセスを検出した場合、アラートを出力して管理者に通知する

だけでなく、設定により認証そのものをブロックしたり、多要素認証を強制したりするように構成することが可能です。

6 | Azure AD Privileged Identity Management

Azure AD Privileged Identity Management（以降、Azure AD PIM）は、管理者ロールが割り当てられたユーザーが管理者として作業を行う際、必要なタイミングでのみロールを利用できるように構成する方法です。

通常、ロールを特定のユーザーに割り当てると永続的に管理者としての作業ができるようになります。しかしAzure AD PIM経由でロールの割り当てを行うと、ロールが割り当てられたユーザーはロール利用の申請を行わないと管理者としての作業を行うことができません。

既定ではロール利用の申請を行うと、利用開始のタイミングから1時間だけ管理者としての作業を行うことができます。これにより不必要なタイミングでロールの権限を持たないため、ロール割り当てユーザーが不正アクセスに遭っても攻撃者が管理者としての作業をできないように構成できます。

▼ロールの割り当て

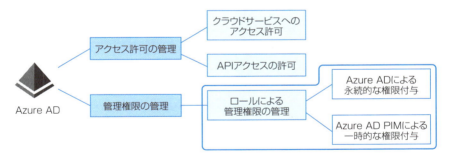

なお、Azure AD PIMを利用する場合、有償契約であるAzure AD Premium P2 ライセンスを保有していること、多要素認証を利用するように構成されていることが前提条件になります。

7 条件付きアクセス

　Azure ADに関連付けられたクラウドサービスやAPIアクセスの連携を行うように構成されたWebアプリケーション等にアクセスする際、あらかじめ決められた条件に基づいてアクセスの許可／拒否を制御できます。条件付きアクセスで設定可能な条件には、主に次のようなものがあります。

▼条件付きアクセスで設定可能な条件

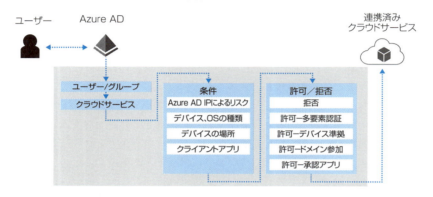

演習問題6-1

問題1.　　　　　　　　　　　　　　　　　　➡解答　p.203　☑ ☑ ☑

　IDとパスワードだけに頼らず、複数の認証機能を利用してサインインを行う方法を何と呼びますか？

A. ID
B. 多要素認証
C. ロール
D. 条件付きアクセス

問題2.   ➡解答 p.203

あなたの会社では、あなたを新しく管理者として任命することになりました。管理者権限を割り当てるために次のような操作を行いました。この操作により管理としての権限を割り当てることはできるでしょうか？

行った操作：Azure AD Identity Protectionを利用してグローバル管理者としてのロールを割り当てた。

A. はい
B. いいえ

問題3.   ➡解答 p.204

あなたの会社では、セキュリティの向上を目的として、管理者となるユーザーだけ多要素認証の利用を強制することになりました。この要件を実現するためにAzure ADでどのような操作を行えばよいでしょうか？

A. Azure AD Identity Protectionを設定する
B. ロールの割り当てを行う
C. Microsoft Authenticatorアプリをスマートフォンにインストールする
D. 何も行う必要はない

問題4.   ➡解答 p.204

あなたは普段の業務で、クラウドサービスへのアクセスをAzure AD経由で行っています。普段、Azure ADへの認証は日本国内から行っていますが、ある日別の国からの認証がありました。今後、このような認証があった場合、管理者にメールで通知されるようにしたいと考えています。この場合、どのような設定を行えばよいでしょうか？

A. Azure AD Identity Protectionのアラート設定を行う

B. Azure AD Privileged Identity Managementでアラート通知対象となるユーザーに対するロール割り当てを行う

C. アラート通知対象となるユーザーに対する多要素認証を有効化する

D. 条件付きアクセスを設定する

問題5.　　　　　　　　　　　　　　➡解答　p.204　

　あなたの会社では、セキュリティの向上を目的として、管理者となるユーザーに永続的にロールが割り当てられないように構成することになりました。この要件を実現するためにAzure AD Premium P2を購入し、Azure AD Privileged Identity Managementを有効化しようとしましたが、必要な設定を行うことができませんでした。どのような設定を行い、この問題を解決すればよいでしょうか？

A. Azure ADの管理ツールで事前にロール割り当てを行う

B. 多要素認証を設定する

C. Azure AD Identity Protectionでアラート出力の結果に基づく条件付きアクセス設定を行う

D. 条件付きアクセスで事前にポリシーを作成する

問題6.　　　　　　　　　　　　　　➡解答　p.205　

　Azure ADに格納されたユーザープロファイル情報を取得し、Webアプリケーションの中で「ようこそ〇〇さん」と表示されるように連携を行いたいと考えています。このとき、Webアプリケーションはどのサービスと連携するように設定すればよいでしょうか？

A. Azure AD

B. Azure AD Connect

C. 条件付きアクセス

D. Azure AD Identity Protection

問題7.   ➡解答　p.205

　あなたの会社では、業務で使用するクラウドサービスへのアクセスはAzure ADを経由することでシングルサインオンを実現するように構成しています。このとき、機密性の高いデータを保管するクラウドサービスにアクセスするときだけ事前に多要素認証を行うように構成したいと考えています。このとき、どのサービスを利用して実現すればよいでしょうか？

A. Azure AD Privileged Identity Management

B. Azure AD Identity Protection

C. Azure AD Connect によるシームレスシングルサインオン

D. 条件付きアクセス

6

解答・解説

問題1.   ➡問題　p.200

|解答|　B.

|解説|

　多要素認証は、ID／パスワードの他に携帯電話を利用して本人確認を行う、複数の要素を利用した認証方法です。

問題2.   ➡問題　p.201

|解答|　B.

|解説|

　Azure AD Identity Protection は、不正アクセスを検出するためのサービスであり、ロールの割り当てを行うことはできません。ロールの割り当てはAzure AD の管理ツールから永続的な割り当てを行うか、Azure AD Privileged Identity Management を利用して一時的に利用可能なロールの割り当てを行うかのいずれかになります。

　なお、本問に登場するグローバル管理者のロールは、Azure AD に関わる、すべ

演習問題

ての操作が可能なロールです。特定の操作だけを行うことが決まっているのであれば、Exchange管理者、Teams管理者、ユーザー管理者、アプリケーション管理者など、特定の管理権限だけを割り当てることも可能です。

問題3. ➡問題　p.201

解答　D.
解説

　2019年10月以降にAzure ADを新規作成した場合、セキュリティ既定値群の設定により**既定で管理者ロールが割り当てられたユーザーに対する多要素認証が自動的に有効**になるため、Azure ADで行う操作は何もありません。

　一方、管理者ユーザーは、多要素認証を利用開始できるようアプリのインストールまたは携帯電話番号の登録を行う必要があります（なお、問題文ではAzure ADで行う操作とは何か？という問いなので、アプリのインストールは不正解です）。

問題4. ➡問題　p.201

解答　A.
解説

　Azure AD Identity Protectionでは、普段と異なる認証があった場合、そのアクセスに対してアラートを出力し、管理者への通知することができます。また、Azure AD Identity Protectionでは、条件付きアクセスと組み合わせて利用することにより、アラートを出力するような認証があった場合に多要素認証を強制したり、アクセスそのものをブロックしたりすることができます。

問題5. ➡問題　p.202

解答　B.
解説

　Azure AD Privileged Identity Managementを利用する場合、ロールを割り当てるユーザーに対して**事前に多要素認証が有効化されていることが前提条件**になり

ます。有効化できない場合には多要素認証の設定を先に行ってください。
　一方、Azure ADの管理ツールでロール割り当てを行った場合、永続的なロール割り当てになるため、問題文にある要件を満たすことができません。

問題6.　➡問題　p.202

解答　A.
解説

　Azure ADでは、OAuth 2.0プロトコルに対応しているWebアプリケーションと連携し、API経由で各種データの受け渡しを行うことができます。この連携を行うためには事前にWebアプリケーションをAzure ADに登録する必要があります。Azure ADへの登録を行うことで連携ができるだけでなく、APIで取得可能なデータの種類などのアクセス許可設定も同時に定義できます。

6

問題7.　➡問題　p.203

解答　D.
解説

　条件付きアクセスは、特定のクラウドサービスにアクセスするときの条件を設定するためのサービスで、IPアドレスやドメイン参加しているデバイスであるか、などの条件に基づいてアクセス制御を行うことができます。
　こうした条件設定の1つに多要素認証があり、これを設定することで多要素認証に成功した場合だけクラウドサービスへのアクセスを許可するように構成できます。
　なお、「C. Azure AD Connectによるシームレスシングルサインオン」とは、Active DirectoryにサインインしたユーザーがAzure ADにシングルサインオンできるサービスのことで、多要素認証の利用には全く関係のないサービスです。

演習問題

6-2 Azureのガバナンス機能

この節ではAzureで一貫性のある管理を行うために欠かせないガバナンス機能について解説し、その効用を学習します。

1 ロールベースのアクセス制御

ロールベースのアクセス制御（RBAC：Role-based access control）とは、Azureリソースに対するアクセス制御機能で、認められたユーザーにのみリソースの実行や管理を許可することができます。

（1）ロール

Microsoft Azureで仮想マシン、Webアプリ、ストレージサービス、SQLデータベースなどのリソースを運用するとき、管理者がリソースを管理するときに行うアクションとして、仮想マシンを開始する、停止する、などの操作があります。こうした操作をアクションと呼びますが、誰にどのアクションを実行する権限を割り当てるかを考えた場合、その設定は面倒なものになります。

そこで、管理者が行うアクションをひとまとめにし、管理者に割り当てしやすくする運用が可能になっています。このとき、ひとまとめにしたアクションをロールと呼びます。

▼アクションとロール

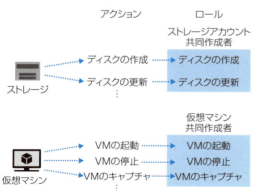

(2) スコープ

Azureリソースの管理範囲である**スコープ**には、管理グループ、サブスクリプション、リソースグループ、リソースの4つがあります。

▼スコープ

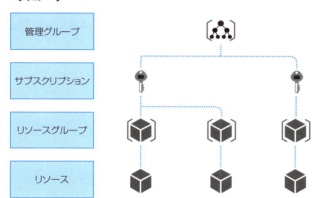

RBACでは、**スコープをロールと組み合わせる**ことによって、どのようなアクションをどの範囲で操作できるかを定義できます。

たとえば、サブスクリプションAで仮想マシンの管理ができる管理者を定義したいとします。その場合、仮想マシンのアクションをまとめたロールを作成しておき、そのロールをサブスクリプションAに関連付けし、さらに管理者となるユーザーを関連付けすることで管理者の定義が実現します。

(3) 継承

特定のスコープでロールの割り当てを行った場合、その割り当ては下位のスコープに対して自動的に反映されます。

たとえば、サブスクリプションAで仮想マシンの管理を行えるロールを割り当てた場合、サブスクリプションAの中にあるすべてのリソースグループに対する仮想マシンの管理ロールが割り当てられた状態になり、管理ができるようになります。

以上のようにRBACはリソースのアクセス権限について、誰に、何を、どの範囲で割り当てるアクセス制御方法といえます。

2 ┃ Azure Policy

　RBACでは、ユーザーによるリソース管理が可能な範囲と操作を定義してアクセス制御を行いました。これに対して、Azure Policy は、Azure リソースの中にある特定の項目を、決められた設定になるように定義するものです。

　たとえば、仮想マシンを作成する場合、RBACでは仮想マシンそのものの作成の許可／拒否を定義します。それに対してAzure Policyでは仮想マシンを作成する際、特定のリージョンだけを選択して作成できるようになります。

▼RBACとAzure Policyの制御の違い

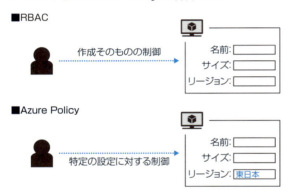

　このように Azure Policy では、設定の定義を行うことによって、会社で定めたルールに沿った Azure リソースの運用ができるようになります。

　作成した Azure Policy は、作成した設定を適用する範囲を定義する必要があります。適用範囲はRBACと同様に管理グループ、サブスクリプション、リソースグループ、特定のリソースから指定することができます。

3 Azureブループリント

　私たちがMicrosoft Azureで複数のWebサイトや仮想マシンを作成する場合、作成するリソースの数だけ繰り返し操作を行う必要があります。こうした操作を簡略化させるためにAzureブループリント（Blueprints）はあります。

　Azureブループリントは、Azureリソースを作成する際に必要な、次の項目を自動作成するテンプレートを用意します。

・リソースグループ
・作成するリソース
・RBACによるロールの割り当て
・Azure Policyによる設定の割り当て

6

　下の図ではリソースグループ、Azureリソース（下の図では「Webアプリ」）、リソースに対するロール（下の図では「共同管理者ロール」）、Azureポリシー（下の図では「東日本リージョンの利用のみを許可するAzureポリシー」）の4つを定義して、Azureブループリントを作成しています。

▼ Azureブループリントの構成要素

Azureブループリント

 リソースグループ

 Webアプリ

 共同作成者ロール

 東日本リージョンの利用のみを
許可するAzureポリシー

　Azureブループリントを作成ができたら、続いて**割り当て**を行います。割り当てを設定すると、ブループリントの中で定義されたリソースが自動作成されます。これを繰り返すことによって、下の図のようにリソースグループ、Webアプリ、ロール、ポリシーのセットをかんたんに複数作ることができます。

▼ Azureブループリントからリソースを作成

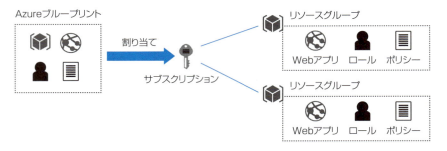

4 Cloud Adoption Framework

Cloud Adoption Framework（クラウド導入フレームワーク）は、企業で
Microsoft Azureを導入するにあたり、必要な作業の進め方をサポートするための
ガイダンスで、大まかに戦略の定義、計画、準備、導入の4つのステップから構
成されます。

（1）戦略の定義

クラウドを導入する意義やビジネス上のメリットなどについて検討します。

（2）計画

企業で保有するデジタル資産を把握し、クラウド化するための計画を策定しま
す。

（3）準備

クラウドへ移行を行うにあたり、必要なスキルを獲得したり、クラウドへリ
ソースを展開する順番（優先順位）を決定したり、展開に必要な準備を行ったり
します。たとえば、前の節で解説したAzureブループリントを作成しておくこと
は展開に必要な準備の1つといえます。

（4）導入

準備段階で定めた優先順位に基づいてAzureリソースの展開を行います。

　これらのガイダンスはマイクロソフトのWebサイト
（https://docs.microsoft.com/ja-jp/azure/cloud-adoption-framework/）より参照でき
ます。

▼クラウド導入フレームワークのWebサイト

5 リソースロック

　仮想マシンやWebアプリなどのMicrosoft Azureに作られたリソースは、管理者による誤った操作などによって意図せず設定が変更されたり、リソースそのものが削除されたりする可能性があります。こうした問題を起こさないようにするためにAzureリソースではリソースロックを設定し、リソースに対する特定の操作を制限することができます。

　リソースロックは、管理グループ、サブスクリプション、リソースグループ、特定のリソースのいずれかの単位で、［読み取り専用］または［削除］の制限を設定できます。

▼リソースロックの設定画面

6 タグ

　Microsoft Azure に作成するリソースには、**タグ**を設定できます。タグはタグの項目名と値をそれぞれ自由に設定でき、設定しておくことによって項目一覧から特定のタグをつけられたリソースだけを表示するなどの操作ができます。たとえば、部門毎の利用料金をフィルタリングすることが可能です。

▼タグでフィルターを設定する前の仮想マシン一覧

▼タグでフィルターを設定した後の仮想マシン一覧

演習問題6-2

問題1.  ➡解答　p.216

Azure Active Directoryユーザーに対して、特定のサブスクリプションに対する共同管理者としての権限を割り当てる場合、どの機能を利用して割り当てればよいでしょうか？

A. Azure AD Identity Protection
B. ロールベースのアクセス制御
C. Azure Policy
D. タグ

6

問題2. 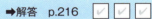 ➡解答　p.216

Azureブループリントを利用してAzureリソース作成のためのテンプレートを作成しようとしています。このとき、ブループリントに含めることができる構成要素はどれでしょうか？

A. プロパティ
B. サブスクリプション
C. 管理グループ
D. ロール

演習問題

問題3. ➡解答　p.216

　あなたの会社では、東日本または西日本リージョンでのみAzure仮想マシンを作成するように運用したいと考えています。このとき、どのような方法でこのルールを実現すればよいでしょうか？

A. Azure Policyを利用してリージョンを指定する
B. 特定リージョンのロールのみをユーザーに割り当てる
C. リソースロックを利用してリージョンを指定する
D. タグを利用してリージョンを指定する

問題4. ➡解答　p.217

　あなたの会社で管理するMicrosoft Azureでは、特定のリソースグループにおいて、東日本または西日本リージョンでのみAzure仮想マシンを作成するように運用したいと考えています。この運用を実現するために次の設定を行うことは作業として正しいでしょうか？

行った操作：Azure Policyを作成し、リソースグループに割り当てる。

A. はい
B. いいえ

問題5.
→解答　p.217

　あなたの会社では、Azure App Serviceを利用してWebアプリを複数作成する必要があります。このとき、繰り返しの操作を避けるため、Azureブループリントを作成して運用しようと考えています。作成したブループリントの割当先として適切なものはどれですか？

A. ロール
B. リソースグループ
C. 特定のAzureリソース
D. サブスクリプション

6

問題6.
→解答　p.217

　あなたの会社では、Azure仮想マシンの作成を簡略化するために仮想マシンのイメージを作成し、運用しています。このとき、誤ってイメージの削除を避けるような運用を行いたいと考えています。このときに利用するAzureリソースおよびその設定として適切なものはどれですか？

A. タグを作成し、タグの名前としてCantDelと入力する
B. タグを作成し、タグの名前としてReadOnlyと入力する
C. リソースロックを作成し、削除の制限を設定する
D. Cloud Adoption Frameworkを利用して削除の制限を設定する

演習問題

解答・解説

問題1.
➡問題　p.213

解答　B.

解説

　ロールベースのアクセス制御は、管理者として行うアクションをひとまとめにしたロールと、ロールを割り当てる範囲を定義したスコープから構成されます。スコープにはサブスクリプションを指定することができるため、問題の解答として適切な選択肢になります。Azure Policyは、特定の項目に対する設定の制御機能であり、サブスクリプションの単位でアクセス制御を行うために利用する機能ではありません。

問題2.
➡問題　p.213

解答　D.

解説

　Azureブループリントは、特定のAzureリソースの作成を簡略化するために用意されたテンプレートであり、リソースグループ、Azureリソース、ロール、Azure Policyをそれぞれ含めることができます。

問題3.
➡問題　p.214

解答　A.

解説

　リソースの特定の項目に対して、特定の値だけが設定できるようなアクセス制御を行いたい場合、Azure Policyを利用します。

　なお、ロールではリージョンの指定することができず、Azureリソースに対するアクションに対してのみロールの利用は可能です。

問題4.
➡問題 p.214

解答 A.

解説

Azure Policyは、設定を適用する範囲として管理グループ、サブスクリプション、リソースグループ、特定のリソースから選択できます。

問題5.
➡問題 p.215

解答 D.

解説

Azureブループリントは、**サブスクリプション**に割り当てて利用することで、サブスクリプション内に複数のリソースをかんたんに繰り返し作成することができます。

問題6.
➡問題 p.215

解答 C.

解説

リソースロックは、特定のAzureリソースに対して削除もしくは書き込みの操作を制限するリソースで、問題文にある制限を行う場合には[削除]の制限を行います。また、書き込みの制限を行う場合には[読み取り専用]の制限を設定します。

タグは、リソースの検索を行うときの条件として利用できる文字列であり、リソースのアクセス制限を目的に利用することはできません。また、**Cloud Adoption Framework**は、クラウド導入のためのガイダンスであり、それ自体はAzureの機能ではありません。

6

演
習
問
題

6-3 Azureのプライバシーとコンプライアンス機能

> この節ではMicrosoft Azureにおけるプライバシーやセキュリティ、コンプライアンスに対する考え方について学習します。

1 マイクロソフトのプライバシーとコンプライアンスの考え方

　マイクロソフトでは、Microsoft Azureの各サービスを通じて、お客様からデータを預かっています。預かったデータは第三者が勝手に内容を閲覧したり、流用したりしないよう、運用に関する取り決めを行っています。

（1）Microsoftプライバシーステートメント

　Microsoftプライバシーステートメントは、マイクロソフトがWebサイトで公開しているドキュメントで、マイクロソフトが収集する個人データとその使用方法、そして使用目的が記載されています。Microsoftプライバシーステートメントで示される個人データの使用方法と目的については、マイクロソフトが提供するサービス、アプリ、Webサイト、ソフトウェア、サービス、デバイスすべてに適用されます。

詳細 　**Microsoftプライバシーステートメント**
https://privacy.microsoft.com/ja-jp/privacystatement

（2）オンラインサービス条件

　オンラインサービス条件（OST：Online Service Terms）は、オンラインサービスの中で扱う顧客データ／個人データとそのセキュリティに関する両当事者の義務について規定しています。オンラインサービスには、Microsoft Azureだけでなく、Office 365、Dynamics 365、Bing Mapsが含まれます。

　また、「両当事者」とはデータセンターを運営するマイクロソフトとオンラインサービスの契約者のことを指し、互いの責任範囲が存在することを表しています。

For Online Services

https://www.microsoft.com/licensing/terms/product
/ForallOnlineServices

(3) Data Protection Addendum

　Data Protection Addendum（DPA）は、オンラインサービスに保存されている
データに対する処理とセキュリティに関するドキュメントで、オンラインサービ
ス条件を補足する目的で用意されています。DPAは以下のサイトからLanguage
としてJapaneseと書かれたドキュメントを選択することで、Word文書の形式の
ドキュメントをダウンロードし、参照することができます。

6

参考 **Microsoft Products and Services Data Protection Addendum（DPA）**

https://www.microsoft.com/licensing/docs/view
/Microsoft-Products-and-Services-Data-Protection-Addendum-DPA

▼ Products and Services Data Protection Addendum（DPA）サイト

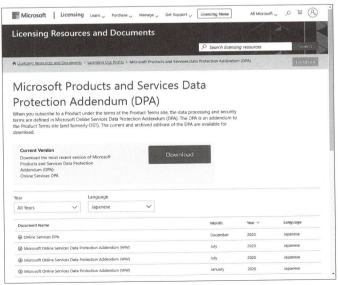

　こうしたドキュメントは、企業でオンラインサービスを利用するにあたり、企業内でのルールやその業界で定められた法令などに遵守した形でサービスが利用できるかを確認する際に活用します。

（4）トラストセンター

　トラストセンターは、マイクロソフトのオンラインサービスで提供するセキュリティ、プライバシー、コンプライアンス、ポリシー、ベストプラクティスに関する情報をまとめて参照できる Web サイトです。

　たとえば、まとめて参照できるデータの中にコンプライアンス認証に関するドキュメントがあります。各種業界で定められているセキュリティ標準に準拠した運用を行いたい場合、コンプライアンス認証に関するドキュメントを参照することで、それぞれの基準に沿ったドキュメントを参照できます。

▼ Microsoft コンプライアンスのサービス

（5）Azure コンプライアンスドキュメント

　Azure コンプライアンスドキュメントは、Microsoft Azure の法律と規制に関する標準、そしてコンプライアンスに関する情報をまとめて参照できる Web サイトです。トラストセンターでも同様の情報を Web サイトで提供していますが、トラストセンターとの違いは Microsoft Azure に特化している点です。

▼ Azure コンプライアンスドキュメント

6

2　Azureソブリンリージョン

　Microsoft Azureのデータセンターは、世界のさまざまな場所に点在していますが、その多くは**パブリッククラウド**と呼ばれる契約者が自由に選択して利用することができます。それに対して政府機関や自治体、特定の国ではMicrosoft Azureを利用するにあたり、パブリッククラウドとは異なる特別なセキュリティやコンプライアンス上の要件が求められます。こうした団体に対して提供されるMicrosoft Azureのインスタンスを**Azureソブリンリージョン**と呼びます。Azureソブリンリージョンには次のものがあります。

（1）Azure Government

　Azure Governmentは、米国の連邦政府機関、州政府機関、地方政府機関、国防総省、国家安全保障向けに提供される特別なリージョンで、これらの機関とそのパートナーだけが契約可能です。Azure Governmentのリージョンには、政府機関用のリージョンと国防総省用のリージョンがあり、それぞれ独立したデータセンターが建てられ、運用されています。

（2）Azure China

　Azure Chinaは中国国内向けに提供されるリージョンで、そのほかのリージョンから独立したリージョンとして、独立したデータセンターで運用されています。また、データセンターの運用はマイクロソフト自身が行うのではなく、21Vianetによって行われている特徴があります。

演習問題6-3

問題1.　　　　　　　　　　　　　　　　　➡解答　p.224　

　あなたの会社では、現在、Microsoft Azureを利用してお客様に対してサービスを提供し、その顧客情報もAzure内で管理しようとしています。サービスを利用開始するにあたり、データの取り扱いに関するデータセンター運営者の義務について確認したいと思います。このために次の作業を行うことは正しいでしょうか？

行った作業：Data Protection Addendum を参照した。

A. はい
B. いいえ

問題2.

➡解答　p.224　

　あなたの会社では、現在、Microsoft Azure を利用してお客様に対して
サービスを提供しようとしています。サービスを利用開始するにあたり、ISO
27001の基準に沿ったサービス提供をしたいと考えています。このために次の
作業を行うことは正しいでしょうか？

行った作業：Azure コンプライアンスドキュメントを参照した。

A. はい
B. いいえ

問題3.

➡解答　p.224　

　あなたの会社では、中国国内でサービスを提供するため、Microsoft Azure
を新しく契約しようとしています。このとき、どのリージョンを選択し、サー
ビスを実装すればよいでしょうか？

A. 任意のパブリッククラウドが利用可能
B. 21Vianet によって運営されているリージョンを選択する
C. Azure Government リージョンを選択する
D. 中国でMicrosoft Azure は利用できない

解答・解説

問題1.

➡問題　p.222

解答　B.

解説

　データセンター運営者と利用者のデータ取り扱いに関する義務を定め、責任範囲を定めたドキュメントを参照する場合、**オンラインサービス条件**を参照します。

　Data Protection Addendumは、オンラインサービスに保存されているデータに対する処理とセキュリティに関するドキュメントで、オンラインサービスを利用するにあたり、企業内でのルールやその業界で定められた法令などに遵守した形でサービスが利用できるかを確認する際に活用します。

問題2.

➡問題　p.223

解答　A.

解説

　Azureコンプライアンスドキュメントは、Microsoft Azureの法律と規制に関する標準や、コンプライアンスに関する情報を参照できるサイトですが、同時にさまざまな認証に準拠するための手順について解説しています。

問題3.

➡問題　p.223

解答　B.

解説

　中国国内で稼働するMicrosoft Azureは、他のリージョンから独立して存在し、マイクロソフトではなく**21Vianet**によってMicrosoft Azureのサービスの運営が行われています。なお、Azure Governmentリージョンは米国政府等に向けて提供される特別なリージョンです。

第7章

Azureの料金とサポート

7-1 コストの計画と管理

この節ではMicrosoft Azureを利用するにあたり、発生するコストを把握し、予算に合わせたサービスの利用を計画する方法について学習します。

1 コストの要素

Microsoft Azureでは利用したサービスの種類と量によって課金が発生するモデルが採用されています。

(1) リソースの種類

仮想マシンやApp Serviceなど、Azureの中で提供する各リソースは作成し、利用することで課金が発生します。それぞれのリソースは作成時に選択した設定、実行時間や回数などから課金される額が決定します。

たとえば、仮想マシンの場合、主に次の要素から課金される額を決定しています。

・リージョン
・OS種類
・インスタンス（CPUコア数、メモリサイズ、一時ストレージサイズ）
・実行時間

一方、ストレージアカウントの場合、主に次の要素から課金される額を決定しています。

・リージョン
・タイプ（Blob, File, Tableなど）
・パフォーマンスレベル
・アクセス層
・冗長性

以上のように、リソース作成時に指定する設定項目によって、課金される額が変わります。

(2) サービス

コストという文脈で**サービス**という言葉が表現される場合、それはAzureの契約・購入形態を表しています。Azureを新規に契約・購入する場合、次の3つの方法があります。

・Web

Webサイトから直接契約し、利用開始する方法です。従量課金モデルで利用する場合や、無料試用版でお試しする場合、Microsoft Visual Studioに付属する利用枠で利用する場合など、多くのケースで使われる契約形態です。

・Enterprise Agreement

ボリュームライセンスと呼ばれているライセンスの契約方法で、事前に設定した利用量に合わせたライセンスを事前に一括購入することで、利用開始できる契約形態です。

・CSP（Cloud Solution Provider）

CSPと呼ばれるマイクロソフトのパートナー企業を通して契約を結び、Azureを利用開始する方法です。利用量に合わせた支払いが発生する従量課金モデルであることはWebから直接契約する場合と同じですが、CSPを通して契約することによって、構築や運用に関するサービスを同時に受けられるなどの特徴があります。

(3) 場所

Azureでリソースを作成する場合、必ず**リージョン（場所）**を選択して作成します。このとき、どのリージョンを選択するかによって発生するコストが異なります。2021年7月現在、Azure仮想マシン（Windows OS、D2s v3インスタンス）を1か月間（730時間）実行した場合、それぞれのリージョンで次のような金額になります。

7

▼Azureのリージョン一覧と主なリージョンでの仮想マシン実行コスト

（※料金計算ツールより。1円未満は四捨五入）
https://azure.microsoft.com/global-infrastructure/geographies/ より

　このように同じリソースでも、選択するリージョンによってコストの差が生まれます。そのため、金額の安いリージョンを選択すべきですが、ユーザーが実際にリソースを利用する場所から離れたリージョンを選択すると、それだけ通信の遅延が発生する点に注意してください。

(4) トラフィック

　Azureでは作成・使用するリソースとは別に、リソースにアクセスすることで発生する通信トラフィックに対して課金が発生します。

　Azureリソースと利用者との間で発生する通信には、Ingress（イングレス）と呼ばれるAzureにデータをアップロードする通信と、Egress（エグレス）と呼ばれるAzureからデータをダウンロードする通信があります。多くのリソースにおける通信の場合、Ingressの通信は無料に設定されており、Egressの通信に対してのみ課金が発生します。

▼Azureデータセンターとの間で発生する通信の種類

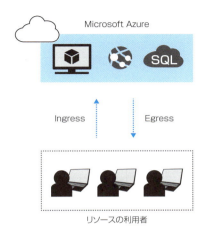

2 | **料金計算ツール**

　Azure利用に対して発生するコストは、リソースの種類、契約するサービスの種類、場所、トラフィックの4点から決まることを解説しました。それぞれの選択肢をどのように選択することによって、どの程度のコストが発生するか事前に把握したい場合は、マイクロソフトのWebサイトにある料金計算ツールを利用します。

> 参考 | **料金計算ツール**
>
> https://azure.microsoft.com/ja-jp/pricing/calculator/

　たとえば、Azure仮想マシンを利用するためのコストを計算する場合、サイトから[仮想マシン]を選択し、リージョン、OS種類、インスタンス種類、仮想マシンの実行時間を指定します。すると発生する予測コストが算出されます。

▼算出された予測コスト

　なお、Azure仮想マシンでは、仮想マシンのストレージに対するコスト、スト
レージのトランザクションに対するコスト、トラフィックに対するコストが別途
発生し、これらもそれぞれ料金計算ツールで予測ができます。

3 | Azure Cost Management

　Azureコスト管理とも呼ばれるAzure Cost Managementは、Azureリソースを
利用するための予算をあらかじめ設定し、設定した予算に対する支出を把握する
ために用意されたツールです。Azure管理ポータルの[コスト分析]メニューでは、
サブスクリプション全体で発生するコストの把握とコストがどこで発生している
かを分析できます。既定では、1か月間で使用したリソースの量がサービス単位、
場所単位、リソースグループ単位でそれぞれ確認できます。

▼コスト分析メニュー

　また、フィルターを利用して特定の単位でのコストを算出することができます。フィルターでは特定のサービス、場所、リソースグループの単位でのコストを表示できる他、タグを設定したリソースだけを表示させ、コストを算出させることもできます。

▼リソースグループ単位のコスト分析メニュー

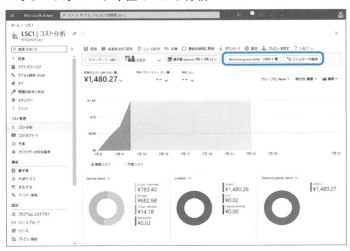

231

[コスト分析]メニューは現状の把握だけでなく、予算を設定して、設定した予算に対して消費した割合を確認することもできます。なお、Azure Cost Managementは、従量課金またはEnterprise Agreementで利用可能です。

4　お得なAzureリソースの利用

従量課金モデルでAzureリソースを利用すれば、当然のことながら利用した分だけ課金が発生します。このような課金体系で利用する場合に比べてコストを抑えたAzureリソースの利用方法があります。それがAzureの**予約**と**スポット**です。

(1) 予約

Azureリソースを長期的に利用することが確定している場合、1年分もしくは3年分のAzureリソースの使用量を事前に購入することができます。これにより最大72%の割引率でAzureリソースを利用できます。

予約の設定はAzure管理ポータルの[予約]メニューから設定します。予約の設定が可能なリソースには、Azure仮想マシンの他、SQLデータベース、Azure BLOBストレージ、App Serviceなどがあります。

たとえば、Azure仮想マシンのStandard B2Sインスタンス（東日本）は、1時間当たり¥4.6592の課金が発生しますが、3年分の予約を行うことで1時間当たり¥1.7562で利用できます（62%の割引率）。

(2) スポット

Azureリソースは、一定のサービスレベル契約（SLA：SLAについては次の節で解説します）のもと、安定したサービス実行を保証しますが、**スポット**と呼ばれる契約ではSLAの保証を行わない代わりに、従量課金のコストに比べて最大90%の割引率でリソースを利用できます。

スポットはAzure仮想マシンに対して利用可能で、仮想マシンの作成時に[Azureスポットインスタンス]を選択することで、スポットの契約で仮想マシンを作成し、利用することができます。

たとえば、Azure仮想マシンのStandard D2s_v5インスタンス（東日本）は1時間当たり¥6.944の課金が発生しますが、スポットを利用することで1時間当たり¥2.7776で利用できます（60%の割引率）。

演習問題7-1

問題1.　　　　　　　　　　　　　　　　　　➡解答　p.234

　Microsoft Azureの契約形態のうち、ある程度まとまったリソースを利用することが確定している場合に、利用可能な契約形態はどれですか？

A. CSP
B. ExpressRoute
C. Enterprise Agreement
D. スポット

問題2.　　　　　　　　　　　　　　　　　　➡解答　p.234

　あなたの会社では、Azure仮想マシンを新規に作成することになりました。仮想マシンに接続するユーザーの多くは、日本国内からのアクセスになるとき、できる限りレイテンシーを少なくしてパフォーマンスの高いアクセスを実現したいと考えています。このときに考慮すべきAzure仮想マシンの構成要素はどれですか？

A. インスタンス
B. リージョン
C. アクセス層
D. スポット

問題3.　　　　　　　　　　　　　　　　　　➡解答　p.235

　Azure仮想マシンの通信に対して発生する課金体系に関する説明として、次の説明は正しいでしょうか？

行った操作：Azure仮想マシンに対するIngressのデータ転送に関してはGB単位でのデータ転送コストが発生する。

A. はい
B. いいえ

問題4.

➡解答　p.235　

　あなたの会社では、Azure仮想マシンを利用するに当たり、毎月発生する請求金額の予測を行い、会社で定めた予算の範囲でAzure仮想マシンを利用できるようにしたいと考えています。このときに利用量の予測を行うために適したツールはどれですか？

A. ポータルサイトのコスト分析メニュー
B. スポット利用
C. CSP経由でAzureの契約を締結する
D. 仮想マシン作成時に利用するインスタンスサイズを一定にする

解答・解説

問題1.

➡問題　p.233

解答　　C.

解説

　Enterprise Agreementは、ボリュームライセンスとも呼ばれ、その名前が示すとおり、ある程度のまとまった（ボリュームのある）リソース利用が見込まれる場合に、事前に一括購入して利用可能なAzureの契約形態です。

問題2.

➡問題　p.233

解答　　B.

解説

　リージョンは、データセンターの場所を表すもので、多くのクライアントがアクセスする場所から物理的に近いリージョンを選択することで、通信の遅延（レイテンシー）を少なくすることができます。

　なお、C.のアクセス層は、Azureストレージの保存方法に関する設定であり、日本国内からのアクセスに最適化した設定とは言い難い解決策です。

問題3.

➡問題　p.233

| 解答 | B. |

解説

　Azure仮想マシンに対するデータ転送コストは、**Egress（Azure仮想マシンからの送信）に対してのみ**発生します。データ通信量に合わせて発生する金額については、以下のマイクロソフトのWebサイトにて確認できます。

> | 参考 | **帯域幅の価格** |
>
> https://azure.microsoft.com/ja-jp/pricing/details/bandwidth/

問題4.

➡問題　p.234

7

| 解答 | A. |

解説

　[コスト分析] メニューでは現在のサブスクリプションでリソースをどの程度利用しているかを確認し、会社で設定した予算の範囲の中でリソースが使われているかを確認できます。

　D. の「仮想マシン作成時に利用するインスタンスサイズを一定にする」方法も利用量の予測をしやすくなりますが、実際にはデータ通信やパブリックIPアドレスなど、仮想マシンそのものに対して発生するコスト以外のコストがあるため、利用量の予測をするための方法としては不十分です

演習問題

7-2 サービスレベル契約

サービスレベル契約は、Microsoft Azure が提供するサービスレベルに関する取り決めです。この節では、サービスレベル契約とサービスのライフサイクルについて学習します。

1 Azure サービスレベル契約

　私たちが業務で使用するシステムが Microsoft Azure のリソースとして稼働している場合、データセンターのトラブルで利用できない時間帯があると業務に支障をきたします。そこで、マイクロソフトでは、一定の時間以上 Azure のサービス稼働とサービスへの接続を保証することで、安心して Azure を利用できるような取り決めを契約の中に盛り込んでいます。このようなサービス稼働とサービスへの接続に関する取り決めをサービスレベル契約（SLA：Service Level Agreement）と呼びます。

　SLA は稼働した時間を割合（パーセンテージ）にして表現します。

　たとえば、SLA を 99% と表現する場合、1か月全体の時間を 720 時間とするならば、712.8 時間（720 × 99%）以上の稼働を保証するという意味になります。なお、それぞれの SLA におけるダウンタイムは（サービスが稼働しなかった時間の割合）、以下のとおりです。

▼ダウンタイム

SLA	月間のダウンタイム
99%	7.2 時間
99.9%	43.2分
99.95%	21.6分
99.99%	4.32分

　Azure ではサービスの種類ごとに異なる SLA を保証しており、Azure App Service の場合、99.95% の稼働（1か月当たり 719.64 時間以上の稼働）を保証します。それぞれのサービスにおける SLA については、以下の「サービスレベルアグリーメント」をご覧ください。

参考	サービスレベルアグリーメント

https://azure.microsoft.com/ja-jp/support/legal/sla/

▼サービスレベルアグリーメント Web サイト

　SLA は月間の単位で計算します。月間の稼働率が SLA で定めた割合を下回る場合、**サービスクレジット**と呼ばれる値引きが適用されます。前述の Azure App Service の場合、月間稼働率が SLA で定めた 99.95% を下回る場合は 10% のサービスクレジット、99% を下回る場合は 25% のサービスクレジットが適用されます。

2　SLA に与える影響を与える要素

　SLA は Azure リソースをどのように実装するかによってパーセンテージが変わります。SLA に影響を与える要素として次のようなものがあります。

（1）サービス構成

　サービス構成とは、個々の Azure のサービスの中で設定可能なオプションのことを指します。第 3 章でも解説した可用性ゾーンは、Azure 仮想マシンのサービス構成として選択可能なもので、可用性ゾーンを利用することで、リージョン内の存在する複数のデータセンターに分散して、Azure 仮想マシンを稼働させます。

そうすることで、1つのデータセンターで障害が発生しても、引き続きAzure仮想マシンを利用することができます。

　可用性ゾーンは、複数のデータセンターを同時に利用するため、データセンターごとに独立して保有する電源、冷却装置、ネットワークを利用できるメリットがあります。

　サービス構成には、可用性ゾーン以外にも、Azureストレージにおける冗長ストレージ（異なるディスクに3回データをコピーするサービス）などがあります。

（2）冗長構成

　冗長構成は、自身でAzureのサービスを複数実装することで可用性を高める構成です。たとえば、Azure App Serviceを利用してWebサイトを構築する場合、Azure App Serviceを2つ作成し、Webサイトを運用します。そうすることで、片方のWebサイトに障害が発生しても、引き続きWebサイトへのアクセスが可能になります。

▼Azure App Serviceの冗長構成

　Azure App Serviceでは、99.95%のSLAを提供しますが、複数のサービスを実装することで稼働率はさらに高めることができます。「複数のサービスのどちらか片方が動作していればよい」という構成における実質的なSLAは、以下のように計算します。

100%－（サービス1のダウンタイム×サービス2のダウンタイム）

　Azure App Serviceでは99.95%（0.9995）のSLAですので、ダウンタイムは1－0.9995＝0.0005＝0.05%となります。そのため、実質的なSLAは次のようになります。

$$100\% - (0.05\% \times 0.05\%) = 99.999975\%$$

　ご覧のようにサービスを複数実装して冗長構成にすることで、SLAは99.95%から99.999975%に高めることができたことがわかります。

（3）複数のサービス利用

　Azure App Serviceを利用してWebサイトを構築する際、バックエンドでSQL Databaseが動作していたとします。この場合、App ServiceとSQL Databaseは同時に稼働していなければなりません。

▼Azure App ServiceとSQL Databaseの並行運用

```
             Azure App          Azure SQL
              Service            Database
                99.95%            99.95%
```

　この構成における実質的なSLAは、以下のように計算します。

サービス1のSLA×サービス2のSLA

　Azure App ServiceのSLAは99.95%、SQL DatabaseのSLAは99.95%（1つのレプリカを持つ場合のSLA）ですので、実質的なSLAは次のようになります。

$$99.95\% \times 99.95\% = 99.900025\%$$

　ご覧のようにサービス単体で動作する場合の99.95%から99.900025%にSLAが下がったことがわかります。このように複数のサービスを組み合わせて利用する場合はSLAが下がるため、前述の冗長構成などを組み合わせて利用することを検討してください。

（4）無償のサービス利用

　SLAはAzureのサービスのうち、有償で提供されるサービスのみが対象であり、無償のサービス（Freeレベルで提供されるAzure App Serviceなど）はSLAの対象外になります。

3　サービスのライフサイクル

　時代の変化とともにクラウドサービスに求められるサービスも変化します。Azureでは常に新しいサービスの開発を行い、開発が完了し、利用可能になったサービスは、いち早く提供することで時代のニーズに合わせたサービスを提供できるようにしています。

（1）プレビュー

　利用可能になったサービスは、プレビューと呼ばれる状態でサービスの提供を開始します。プレビューは、正式リリースされたときに備えて、いち早くテストを行いたい場合に利用します。テストを行うことで最新の機能の評価を行ったり、テスト結果をマイクロソフトにフィードバックしてサービスの改善に反映させたりすることができます。

　プレビューには、パブリックプレビューとプライベートプレビューがあり、パブリックプレビューはAzure契約者であれば誰でも利用可能なプレビュー、プライベートプレビューは一部のユーザーに限定して公開するプレビューです。

　プレビューは本番環境での運用での利用ではなく、テスト目的での利用を想定しているため、主に次のような制約があります。

・SLAの規定なし
・特定のリージョンのみで提供される場合あり
・正式なリリース時に比べて提供されるサービスが限定される場合あり
・価格が変更される場合あり
・サービスそのものが提供されなくなる場合あり

　以上の制約を理解した上でプレビュー機能を利用する場合、Azureポータルサイトの中から［プレビュー］と書かれたサービスを選択するか、またはプレビュー用Azureポータルサイトにアクセスして利用することができます。

・プレビュー用Azureポータルサイト
https://preview.portal.azure.com

---

(2) General Availability

GA とも呼ばれる General Availability は、プレビューでのフィードバックを受けて改善を行い、サービスが正式にリリースされた状態を表します。サービスが正式にリリースされたときに「GA された」のような呼び方をします。

なお、正式にリリースされたサービスがその提供を終了する場合、12か月前に利用者に対してサービス終了の通知を行います。

(3) 更新情報を受け取る方法

マイクロソフトが新しく開発したサービスや機能がプレビューで提供された情報、GA された情報、または今後の開発のロードマップに関する情報などは「Azureの更新情報」サイトより確認できます。

参考　「Azureの更新情報」サイト

https://azure.microsoft.com/ja-jp/updates/

▼ Azureの更新情報Webサイト

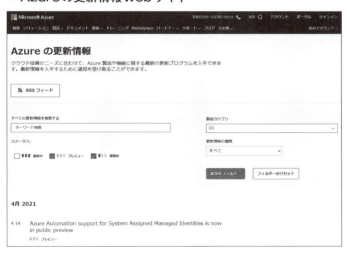

7

4 サポートプラン

　マイクロソフトでは、Microsoft Azureの円滑な運用を手助けするために複数の
サポートプランを用意しています。Microsoft Azureは検証用の環境として利用す
るのか、または運用環境で利用するのかによってサポートに求めることも異なり
ます。そのため、それぞれのニーズに合わせた、次のようなサポートプランが用
意されています。

（1）Basic

　Basicプランは、すべてのAzureサブスクリプションに付随するサポートプラン
で、主に次のようなサポートを提供します。

・請求およびサブスクリプション管理サポート
・マイクロソフトWebサイトによる学習コンテンツとコミュニティ
・Azure Advisorによるコストやセキュリティなどの推奨事項の提示
・データセンターの運用状況などの、Azure正常性の通知

（2）Developer

　Developerプランは、Basicプランと異なり、Azureサブスクリプションとは別に
購入(月額3,248円)し、利用できるサポートプランです。Basicプランのすべての
サポートに加えて、主に次のようなサポートを提供します。

・サードパーティ製ソフトウェアとの相互運用に関わるサポート
・メールを利用したサポートリクエストによる問い合わせ(営業時間内のみ)
・重大度Cのサポートリクエストに対する8時間以内の初回応答

（3）Standard

　Standardプランは、Developerプランと同じく、Azureサブスクリプションとは
別に購入(月額11,200円)し、利用できるサポートプランです。Developerプラン
のすべてのサポートに加えて、主に次のようなサポートを提供します。

・メールもしくは電話を利用したサポートリクエストによる問い合わせ(24時間
　対応)
・重大度Cのサポートリクエストに対する8時間以内の初回応答
・重大度Bのサポートリクエストに対する4時間以内の初回応答
・重大度Aのサポートリクエストに対する1時間以内の初回応答

（4）Professional Direct

　Professional Directプランは、Azureサブスクリプションとは別に購入(月額

112,000円)し、利用できるサポートプランです。Standardプランのすべてのサポートに加えて、主に次のようなサポートを提供します。

・重大度Cのサポートリクエストに対する4時間以内の初回応答
・重大度Bのサポートリクエストに対する2時間以内の初回応答
・重大度Aのサポートリクエストに対する1時間以内の初回応答
・APIによるサポートリクエストの作成
・Azureオペレーションのサポート

(以上、価格は2021年8月現在)

　以上のように、それぞれのサポートプランには多くのサービスの違いがありますが、特にサポートリクエストによる問い合わせの有無や、問い合わせに対する応答時間に大きな違いがあります。

　また、以上のサポートプランの他、大規模企業における重要なビジネスを遂行する際に利用可能なPremierプランがあり、PremierプランではProfessional Directのサポートプランに加えて、専属の担当者を立てた運用が可能になります。

7

演習問題7-2

問題1. ➡解答　p.245

Azure ADのSLAに関する説明として、正しいものを選択してください。

A. 有料ディレクトリに対して99.99%のSLAが提供される
B. 有償ライセンスであってもAzure ADに対するSLAの提供はない
C. ライセンスの種別を問わず、定義されたSLAを下回る場合、サービスクレジットが提供される
D. SLAの算定基準には年間の稼働率を基準としている

問題2. ➡解答　p.245

　あなたの会社では、Azure仮想マシンを利用して自社のサービスを提供しようとしています。このとき、SLAで規定される稼働率より高い稼働率で動作させたいと考えています。このとき、次の操作を行うことにより必要な要件を実現できるでしょうか?

行った操作：主に利用するユーザーが多い地域に近いリージョンを選択して仮想
　　　　　　マシンを作成する。

A. はい
B. いいえ

問題3. ➡解答　p.246

　あなたの会社では、Azure App ServiceとAzure SQL Databaseを利用して自社のサービスを提供しようとしています。それぞれのサービスをひとつずつ実装し、App ServiceとSQL Databaseを接続させた場合、99.95%以上の稼働率で動作させることはできるでしょうか?なお、Azure App Serviceと

Azure SQL DatabaseのSLAをともに99.95%という前提でお考えください。

A. はい
B. いいえ

問題4.
➡解答　p.246　

パブリックプレビューに関する説明として、次の説明は正しいでしょうか？

説明：Webから直接契約したMicrosoft Azureを利用してパブリックプレビューを
　　　利用する。

A. はい
B. いいえ

7

解答・解説

問題1.
➡問題　p.244

|解答|　A.

|解説|

　Azure ADの場合、Azure AD Premium P1またはP2の有償ライセンスに対して、
月間99.99％のSLAが提供されます。無償のサービスに対するSLAの規定はあり
ません。

問題2.
➡問題　p.244

|解答|　B.

|解説|

　ユーザーが多い地域に近いリージョンを選択することは、稼働率を高めるので
はなく、通信遅延（レイテンシー）を低くするために効果的な設定です。

演
習
問
題

問題3.　　　　　　　　　　　　　　　　　　　　　　➡問題　p.244

解答　　**B.**

解説

　複数のサービスを連結し、利用する場合、すべてのサービスが同時に稼働しなければなりません。そのためサービス全体におけるSLAは個々のサービスのSLAを掛け算した結果となります。それぞれのサービスのSLAは99.95%のため、99.95%×99.95%＝99.900025%となり、要件であるサービス全体のSLA（99.95%）を満たさないことがわかります。

　稼働率を高めるのであれば、サービスを複数実装し、冗長構成にするなどの対応が必要です。

問題4.　　　　　　　　　　　　　　　　　　　　　　➡問題　p.245

解答　　**A.**

解説

　パブリックプレビューは、契約形態に関わりなく、誰でも利用可能なサービスです。ただし、SLAの規定がないことや、サービスそのものが提供されなくなる可能性があるなど、正式なサービス（GAされたサービス）とは異なる点があります。

模擬問題

最後に模擬問題を掲載します。いままで学んだ「総まとめ」として解いてみましょう。

模擬問題は第2章から第7章に関する問題をランダムに並べてあり、試験に近い形になっています。

解説には、参照する節を記してありますので、わからない場合、あやふやな場合は、テキストの該当する節に戻って復習をしましょう。

また、模擬問題には、テキストでは触れていない問題も入っています。この場合は、参照する節の関連事項として、問題を解いて覚え、知識の補完し、理解を深めてください。

問題

問題1.

➡解答 p.265

　あなたの会社では、Azure Active Directory（Azure AD）を利用して、クラウドサービスへアクセスするよう従業員に指導をしています。ある日、普段利用する場所とは異なる場所からAzure ADへサインインする事象が発生しました。今後、同様の事象が発生したときに、その事象を把握できるように構成する必要があります。そのために次の設定を行うことは、作業として正しいでしょうか？

行った操作：すべてのAzure ADユーザーに対して多要素認証を設定する。

　A. はい
　B. いいえ

問題2.

➡解答 p.265

　あなたの会社では、Microsoft Azureで仮想マシンを実行しようとしています。仮想マシンに対して、既定で定義されているサービスレベルよりも高いサービスレベルで、仮想マシンを実行させる必要があります。このために次のような操作を行いました。この操作はサービスレベルを高めるための操作として、正しいでしょうか？

行った操作：2つ以上の可用性ゾーンに、複数の仮想マシンを実行する。

　A. はい
　B. いいえ

問題3.

➡解答　p.265　

　組織の保持しているサーバールームのアプリケーションをクラウドに移行予定です。この組織はたくさんのWebAPIを利用してサービスを構成しています。また、フロントエンドには通常のWebシステムも利用しています。できる限りかんたんな方法でクラウド移行を実行しようと考えています。どのAzureのサービスを中心としてシステムを計画しますか？　適切なものを2つ選択してください。

A. Azure Functions
B. Azure DevTest Labs
C. Azure Sphere
D. Azure App Service

問題4.

➡解答　p.266　

　あなたの会社では、業務で使用する仮想マシンがMicrosoft AzureとAmazon Web Servicesに分かれて動作しています。あなたはセキュリティ上の問題を把握するために、それぞれプラットフォームで動作する仮想マシンの状況を調べる必要があります。このような監視を行うために、あなたは次のような操作を行いました。この操作はそれぞれの監視を行うための作業として、正しいでしょうか？

行った操作：Azure Defender ライセンスを購入する。

A. はい
B. いいえ

問題5.

➡解答　p.266　

　Azureを利用して、各店舗のIoTソリューションを加速させようと考えています。素早くテンプレートなどを利用してアプリケーションとの対応をしたいと考えています。Azureでどのサービスを利用するとよいですか？

A. Azure IoT Central
B. Azure IoT Hub
C. Azure IoT Edge
D. Azure Sphere

問題6.

➡解答　p.267　

　次の説明文に対して、解決策が適当かどうかを、はい・いいえで答えてください。

　コンテナーを利用したWebアプリケーションを構成しようと考えています。非常に多くのユーザーアクセスが考えられますが、できる限り運用の手間やスケーリングをかんたんにしたいと考えています。

解決策：Azure Kubernetes Service（AKS）を利用してコンテナーをデプロイした。

A. はい
B. いいえ

問題7.

➡解答　p.267　

　次の文章を正しいものになるよう、下線部分を修正してください。

　「Microsoft Azureで過去に正式リリースされたサービスが終了する場合、<u>5年前</u>までに利用者に対して通知することになっています。」

A. 変更不要
B. 6か月
C. 1年
D. 10年

問題8.   ➡解答　p.267　

Azureで新しく組織内のアプリケーションを導入予定です。まずは、管理作業を情報システム部のメンバーが管理できるように、1つのリソースグループを作成して、管理を円滑化しようと考えています。リソースグループの作成を行う際に利用できるツールは以下のどれですか？　すべて選択してください。

A. Azure Portal

B. Azure PowerShell

C. Azure CLI

D. Azure Portal内のCloud Shell

問題9.   ➡解答　p.268　

あなたの会社では、Azure仮想マシンを新しく作成し、Webサーバーとして構成しました。しかし、作成したWebサーバーに外部からのアクセスができず、必要な接続ルールが設定されていなかったことがわかりました。この問題を解決するために、次の設定を行うことは、作業として正しいでしょうか？

行った操作：Azure仮想ネットワークのサブネットにネットワークセキュリティグループ（NSG）を実装する。

A. はい
B. いいえ

251

問題 **10.**

→解答 p.268

以下の項目にはい・いいえで答えてください。

　社内にある IT システムを、Azure 上に移行し、社内のサーバールームを大幅に縮小しました。月々の運営費が上昇しました。

期待できる効果：CapEx の低下により柔軟に費用対効果が得られるようになった。

　A. はい
　B. いいえ

問題 **11.**

→解答 p.268

　機械学習を利用して、将来のビジネス予測をしようと考えている組織があります。GUI を利用して機械学習を使った AI をかんたんに構成できないかを模索しています。どのサービスを利用が適切ですか？

　A. Azure Databricks
　B. Azure Machine Learning スタジオ
　C. Azure Bot Service
　D. Azure Machine Learning ワークスペース

問題 **12.**

→解答 p.269

　以下の文章を読んで下線部が間違っている場合は、正しい解答を選択してください。

　「データ保存用に Azure Storage を利用予定です。ストレージアカウントの作成時に高可用性を維持するために <u>LRS</u> を採用しました。このレプリケーションオプションを使うと平常時は、アプリケーションからストレージへのアクセスを負荷分散できます。また、リージョンにトラブルが発生した場合でも、データを使い

続けることが可能です。」

A. 変更不要
B. GRS
C. ZRS
D. RA-GRS

問題 13.   ➡解答 p.270

次の文章を正しいものになるよう、下線部分を修正してください。

「Azure Governmentは、IPAが利用するための専用のクラウドサービスで、専用のリージョンとデータセンターが用意されています。」

A. 変更不要
B. 中国政府機関
C. カナダ政府機関
D. アメリカ政府機関

問題 14.   ➡解答 p.270

無料試用版のMicrosoft Azureを利用して仮想マシンを作成し、実行していました。ある日、無料試用版の有効期限が明日に迫っていることがわかりました。期限切れとともに利用できなくなるリソースをバックアップしておく目的で次の操作を行いました。この操作は期限切れに伴って利用できなくなるサービスへの対応として正しいでしょうか？

行った操作：Azureに関連付けられたAzure ADのユーザー一覧をエクスポートした。

A. はい
B. いいえ

問題15. ➡解答 p.270

すでに大規模なデータセンターを保有する企業が、クラウドへの移行を計画しています。自社内での運用を取りやめてすべてのサーバーをクラウドへ移行しようと考えています。また、データセンター自体も廃止し大幅に社内システムを変更することにも経営陣は同意しています。どの配置モデルのクラウドが適切ですか？

A. プライベートクラウド
B. ハイブリッドクラウド
C. パブリッククラウド
D. マルチクラウド

問題16. ➡解答 p.271

あなたの会社では、Azure仮想マシンを新しく作成し、Webサーバーとして構成しました。しかし、作成したWebサーバーには外部からの大量のWebアクセスがあり、サーバーに負荷が生じています。この問題を解決するために、次の設定を行うことは、作業として正しいでしょうか？

行った操作：Azure仮想マシンにAzure Firewallを実装する。

A. はい
B. いいえ

問題17. ➡解答 p.271

次の説明文に対して、はい・いいえで答えてください。

サブスクリプションを購入予定です。Microsoftアカウントを使用してサブスクリプションを購入しようと考えています。自身のMicrosoftアカウントでサブスクリプションを購入することは可能でしょうか？

A. はい

B. いいえ

問題18.　　　　　　　　　　　　　　➡解答　p.271

あなたの会社では、Microsoft Azureで仮想マシンを実行しようとしています。特定のデータセンターの障害に関わりなく、安定して仮想マシンが実行できるように構成する必要があります。このために次のような操作を行いました。この操作はサービスレベルを高めるための操作として正しいでしょうか？

行った操作：可用性ゾーンを複数選択し、複数の仮想マシンを実行する。

A. はい

B. いいえ

問題19.　　　　　　　　　　　　　　➡解答　p.272

以下の説明を読んで、最も適切なクラウドサービスの実装モデルを選んでください。

「クラウド事業者が運営するデータセンターを共有しITシステムを構築可能です。また、利用者はクラウド事業者と契約をすることでそのサービスが誰でも利用可能となります。」

A. プライベートクラウド

B. コミュティクラウド

C. ハイブリッドクラウド

D. パブリッククラウド

問題20.

➡解答　p.272　

あなたの会社では、Microsoft Azureで複数の仮想マシンを実行しようとしています。ところが一定数の仮想マシンを作成したところで、サブスクリプション内で作成可能な上限に達してしまい、それ以上仮想マシンを作成できなくなってしまいました。この問題を解決するためにどのサービスを利用すればよいでしょうか？

A. Azure Policy
B. リソースロック
C. RBAC
D. サポートリクエスト

問題21.

➡解答　p.273　

Azure App Serviceを利用してWebシステムを構成予定です。開発チームが開発の基盤にJavaを採用しました。経営陣はPaaSを利用したクラウドを利用することで、開発の効率化と運用の効率化を求めています。データベースに利用するサービスとして適切なものはどれですか？　すべて選択してください。

A. Azure SQL Database
B. Azure Database for MySQL
C. Azure Database for Postgres
D. 仮想マシン上のSQL Server

問題22.

➡解答　p.273　

次の文章を正しいものになるよう、下線部分を修正してください。

「Standardサポートプランは最小のコストでサポートリクエストを発行し、メールもしくは電話で対応が可能なプランです。」

A. 変更不要

B. Basic

C. Developer

D. Professional Direct

問題23.　　　　　　　　　　➡解答　p.274

　アプリケーションの開発を古くから提供している組織があります。多様なクライアントOSが利用されている環境です。Azureの管理にコマンドラインツールを利用したいという要望が上がっています。Azure CLIをコンピューターにインストールして利用できるOSは、以下のどれですか？　該当するものをすべて選択してください。

A. Linux

B. Windows

C. MacOS

D. Unix

問題24.　　　　　　　　　　➡解答　p.274

次の文章を正しいものになるよう、下線部分を修正してください。

「Azureサービス正常性は、社内設置のサーバーをAzure仮想マシンに移行する際のセキュリティ上の問題点を把握するのに役立ちます。」

A. 変更不要

B. Azure Monitor

C. Azure Security Center

D. 総保有コスト計算ツール

257

問題25.

➡解答　p.275

　可用性ゾーンを利用してAzure上にサービスを構成しました。5台の仮想マシンに同一のサービスをインストールしてシステムを提供しています。各仮想マシンは1台ですべての機能を提供しており、他のサービスとの連携はしていません。このシステムの稼働率は、以下のどの値を保証できますか？

A. 100%
B. 99.999%
C. 99.99%
D. 99.95%

問題26.

➡解答　p.275

　アプリケーションの開発ベンダがさまざまな機能追加を容易にするためにサーバーレス環境の利用を考えています。Azureで利用できるサーバーレス環境を選択してください（複数解答してください）。

A. Functions
B. App Service
C. 仮想マシン
D. Azure Kubernetes Services

問題27.

➡解答　p.276

　あなたの会社では、Azure仮想マシンを利用したビジネスを展開しようとしています。このとき、Azure仮想マシンの管理を特定の従業員に委任する予定です。委任された従業員がAzure仮想マシンの管理ができるようにするために、次の設定を行うことは、作業として正しいでしょうか？

行った操作：委任予定の従業員ユーザーにAzure ADロールを割り当てる。

A. はい

B. いいえ

問題28.   ➡解答 p.276

あなたの会社では、業務で使用する仮想マシンがMicrosoft Azureと Amazon Web Servicesに分かれて動作しています。あなたはセキュリティ上 の問題を把握するために、それぞれプラットフォームで動作する仮想マシンの 状況を調べる必要があります。このような監視を行うために、あなたは次のよ うな操作を行いました。この操作は、それぞれの監視を行うための作業として、 正しいでしょうか?

行った操作:Azure Defender ライセンスを購入する。

A. はい

B. いいえ

問題29.   ➡解答 p.276

ある組織では、大規模なデータセンターの運営を行っています。事業の拡大 に伴ってスケーラビリティに富んだITシステムが必要となりました。パブリッ ククラウドを利用したスケーラビリティと自社のデータセンターを利用したプ ライベートクラウドを組み合わせて、自組織の要求に応えようと情報システム 部門は考えています。そのために安定した回線を用意してAzureとの接続を考 えています。また、Microsoft 365の利用も想定しています。Azureの仮想ネッ トワークとの接続にどの接続オプションを使いますか?

A. Azure ExpressRoute

B. VNet ピアリング

C. Azure VPN Gateway

D. Azure Bastion

問題30.   ➡解答 p.277

　ある組織が自社の基幹業務をSaaSに移行しようと考えています。狙いは、利コストダウンと日々の運用の軽減です。以下の項目のうちSaaSを採用した際に利用組織が構成しなければいけない作業はどれですか？

　A. 高可用性のためのハードウェアの設定
　B. 高可用性のためのソフトウェアの構成
　C. データの移行
　D. OSのソフトウェアアップデート

問題31.   ➡解答 p.277

　あなたの会社では、Microsoft Azureで仮想マシンを実行しています。ある日、コスト削減の目的で一時的に使用しない仮想マシンは、シャットダウンするように命じられました。ところが仮想マシンをシャットダウンしても引き続き課金が発生していることがわかりました。この場合の対策として次の対応は正しいでしょうか？

行った操作：Azureスポットライセンスを購入し、仮想マシンを利用するように
　　　　　　切り替える。

　A. はい
　B. いいえ

問題32.   ➡解答 p.278

　Azureの管理にCUIを利用してスクリプトの実行や、スクリプトの雛型を作って、必要に応じて変更しながら管理を行いたいと思っています。しかし、組織のセキュリティポリシー上、情報システム部門ユーザー以外は、自身のパーソナルコンピューターに追加のアプリケーションのインストールができません。利用部門のユーザーでAzureの管理を委任されているユーザーがCUIを

利用した管理を行おうとしました。どのツールを利用しますか？

A. Azure PowerShell
B. Azure CLI
C. Cloud Shell
D. Bash

問題33.   ➡解答　p.278

　あなたの会社では、複数のAzure仮想マシンを新しく作成する必要があるため、この操作を自動化しようとしています。このとき、仮想マシンの展開に使用する管理者の資格情報を、確実に仮想マシンの展開の目的にのみ利用されるよう、安全にAzure上に保存しておく必要があります。次の作業は、この要件を満たすための作業として、正しいでしょうか？

行った操作：Azure AD Connectを導入し、資格情報を安全に同期する。

A. はい
B. いいえ

問題34.   ➡解答　p.278

　Azure上で仮想マシンと仮想ネットワークを作成して、自組織のアプリケーションを移行しました。また、データベースを利用するためAzure SQL Databaseも利用しています。特定のユーザーにのみ各リソースへの管理を委任しようと考えています。何をしますか？

A. 同じ管理グループに含める
B. 同じリージョンに含める
C. 異なるリージョンに配置する
D. 同じリソースグループに含める

問題35.

➡解答 p.279

　あなたの会社では、5年間Microsoft Azureを利用して社内インフラの構築を行うことが決定しました。コストを抑えてAzureストレージを作成し、運用したいと考え、割引率の高いソリューションを導入したいと考えています。この場合、どのような購入オプションを選択すればよいでしょうか？

　A. 従量課金
　B. 予約
　C. CSP経由でAzureの契約を締結する
　D. スポット

問題36.

➡解答 p.279

次の文章を正しいものになるよう、下線部分を修正してください。

　「Azure AD参加はWindows 10デバイスの管理を行うための機能で、この管理対象となるデバイスはAzure ADのIDによるサインインが可能になります。」

　A. 変更不要
　B. 動的グループ
　C. APIアクセスの連携
　D. Azure ADロール

問題37.

➡解答 p.280

　ある組織の社内システムをいつでも利用できるようにするために、ハードウェアの故障時でもシステムが利用できるようにしたいと考えています。Azureへ移行を考えた場合、Azureのどの特徴を考慮することが重要ですか？

　A. スケーラビリティ
　B. 弾力性（伸縮性）

C. 高可用性

D. ディザスターリカバリー

問題38.

➡解答 p.280

次の文章を正しいものになるよう、下線部分を修正してください。

「Microsoft Azureでは Azureに対して<u>アップロード</u>する通信に対して課金が発生します。」

A. 変更不要

B. ダウンロード

問題39.

➡解答 p.280

アプリケーションの開発を主体とする組織があります。組織では、Webアプリケーションのベースとして、OSやミドルウェアの基礎的な設定をまとめたドキュメント作成し、各開発者の開発環境を定義しました。Azureにアプリケーションの開発環境を作成するときの雛型を作成し、常に同じ環境を開発者に提供しようと思います。最も適切なツールを選択してください。

A. ARMテンプレート

B. Azure CLI

C. Azure PowerShell

D. Azure Portal

問題40.

➡解答　p.281　

　あなたはAzure仮想マシンを作成し、削除のリソースロックを設定しました。しかし、あとから仮想マシンを削除する必要が生じました。削除を実現するために、次の設定を行うことは、作業として正しいでしょうか？

行った操作：Azureサービス管理者のロールが割り当てられたユーザーで仮想マシンを削除する。

　A. はい
　B. いいえ

問題41.

➡解答　p.281　

　あなたの会社では、3つの部署でAzure仮想マシンを作成し、運用しています。それぞれの部署で作成した仮想マシンを把握したい場合、次の設定を行うことは作業として正しいでしょうか？

行った操作：それぞれの仮想マシンに部署名をつけたタグを設定する。

　A. はい
　B. いいえ

解答・解説

問題1. ➡問題 p.248

解答 B.

解説

　多要素認証は、資格情報（ユーザー名／パスワード）に加えて携帯電話を利用した本人確認を行うためのサービスであり、多要素認証を利用することによって普段利用する場所とは異なる場所からサインインがあったことが把握できるわけではありません。

　普段利用する場所とは異なる場所からサインインがあったなどの不正アクセスと疑わしい事象があった場合に、アラートを出力するサービスとして、**Azure AD Identity Protection** を利用します。

→「6-1 コア Azure Identity サービス」参照

問題2. ➡問題 p.248

解答 A.

解説

　仮想マシンに対して、もともと定義されているSLAを上回るサービスレベルを必要とする場合、リソースを冗長構成にして運用します。仮想マシンを冗長化する場合、2つ以上の**可用性ゾーン**に仮想マシンを作成することでサービスレベルを高めることができます。

→「3-1 Azure アーキテクチャコンポーネント」、「7-2 サービスレベル契約」参照

問題3. ➡問題 p.249

解答 A.、D.

解説

　すでに多くのWebAPIを保有している企業の場合は、既存の資産を活用するためのサーバーレス環境を利用することが適切になります。したがって、サーバーレス環境の**Azure Functions**が適切なサービスです。また、通常のWebシステム

は Azure App Service で代替可能です。

Azure Sphere は、IoT のサービスであるため、今回は適切ではありません。

Azure DevTest Labs は、開発のテスト環境などを自動で管理するシステムであるため、今回の目的には合いません。

また、このようなサーバーレス環境で、WebAPI を利用する場合に考えらえる他のサービスとして、Azure Logic Apps も組み合わせることは可能です。

→「2-4 クラウドで提供されるサービス」、
「4-1 Azure で使えるソリューション」参照

問題4.　　　　　　　　　　　　　　→問題　p.249

解答　A.
解説

Azure Security Center による無償ライセンスでは Azure リソースだけが監視の対象であり、AWS、GCP、オンプレミスのサーバーの監視に関しては Azure Defender ライセンスが必要です。

→「5-1 Azure のセキュリティ機能」参照

問題5.　　　　　　　　　　　　　　→問題　p.250

解答　A.
解説

Azure IoT Central は、テンプレートなどを利用して素早く IoT を利用した基盤を提供します。複雑な仕組みや高い知識がない状態でもテンプレートに沿った構成でサービスのデプロイが可能となります。

Azure IoT Hub は、IoT 機器とクラウドを連携させるための基盤であり、作り込みを行って、価値の高い IoT サービスの構築や提供が可能です。

Azure IoT Edge は、AI、分析に特化した Azure IoT Hub 上に構築されたサービスです。

Azure Sphere は、IoT デバイスとそのソリューションに高いセキュリティ付加するハードウェアを含めたサービスです。

→「4-1 Azure で使えるソリューション」参照

問題6. →問題 p.250

解答 A.

解説

AKS（Azure Kubernetes Service）は、コンテナーのスケーリングや管理を自動化します（オーケストレーション）。コンテナーの管理をできる限り自動化したり、管理負荷を軽減する効果を持ちます。

→「3-2 Azure で有効なコアプロダクト」参照

問題7. →問題 p.250

解答 C.

解説

正式リリースされたサービスを終了する場合、12か月前（1年前）までに利用者に対して通知するルールで運用されています。

→「7-2 サービスレベル契約」参照

問題8. →問題 p.251

解答 A、B、C、D

解説

GUIを利用する場合は、Azure Portal を利用します。Azure Portal では、ほとんどの管理作業が可能であるため、リソースグループの作成はもちろん可能です。また、その後のアプリケーションに必要なさまざまなリソース作成できます。

CUIを利用する場合は、Azure PowerShell、Azure CLIおよびCloud Shellが利用できます。ただし、Azure PowerShellとAzure CLIは事前に環境のインストールが必須であるためWindowsやLinux、MacOSのコンピューターで準備が必要となります。

Cloud Shell は、Azure Portal が利用できればよいため、Web ブラウザがあればど

のような環境からでも利用可能です。ただし、Azure Portalで利用が確認されているWebブラウザに限ります。

> **参考**
> https://docs.microsoft.com/ja-jp/azure/azure-portal
> /azure-portal-supported-browsers-devices

→「3-1 Azureアーキテクチャコンポーネント」、「4-2 Azureの管理ツール」参照

問題9.　　　　　　　　　　　　　　　　　　→問題 p.251

解答　A.

解説

特定のIPアドレス、またはポート番号への通信の規則は、**Azure Firewall**または**ネットワークセキュリティグループ**（NSG）を利用して設定できます。

→「5-2 Azureのネットワークセキュリティ機能」参照

問題10.　　　　　　　　　　　　　　　　　　→問題 p.252

解答　A.

解説

クラウドを利用することで通常は、**CapExが低下し、OpExが上昇します**。OpExが上昇することで、月々の費用は上昇しますが、CapExと異なり運営費となるだけなので、いつでも削減できる点が大きな柔軟性を生み出します。

→「2-1 クラウドとは」参照

問題11.　　　　　　　　　　　　　　　　　　→問題 p.252

解答　B.

解説

Azure Machine Learningスタジオは、GUIを使用してかんたんに機械学習を試すことができる環境です。機械学習をスタートする際に最適な環境です。

Azure Machine Learningワークスペースは、Azure Machine Learningに関連す

るさまざまなリソースをまとめるための論理的な入れ物となります。

　Azure Databricksでもさまざまな分析はできますが、手軽に行うためのGUIの
ツールなどはないため、分析の素養が必要となります。

　Azure Bot Serviceは、人間のようにコンピューターが振る舞うことで、質問
の応答などを仮想的なエージェントに任せて、業務を効率化するための仕組みで
す。

→「4-1 Azureで使えるソリューション」参照

問題12.　　　　　　　　　　　　　　　　　　　　➡問題　p.252

解答　　D.

解説

　LRSは、同一リージョンに3個のディスクを利用したレプリケーションが行わ
れるため可用性の高い基本の構成ですが、リージョンが停止した場合はデータの
利用はできません。

　ZRSも3個のディスクが可用性ゾーンをまたがることで高可用性を維持できま
すが、LRSと同様でリージョンエラーには対応できません。

　GRSとRA-GRSは、ともに6個のディスクを利用したレプリケーションが行わ
れ、プライマリリージョンとセカンダリリージョンにそれぞれデータが保存され
ることで、リージョンエラーに対応可能です。

　さらにRA-GRSは、通常時でもセカンダリリージョンのデータ読み取りが可能
であるため、アプリケーションがデータにアクセスするときの状況により、アク
セス先を分けることでアクセス効率を上げる負荷分散が可能です。たとえば、参
照系はセカンダリリージョンを利用して、更新系のみプライマリリージョンを利
用する、といったことが可能となります。

→「3-2 Azureで有効なコアプロダクト」参照

問題13.

問題　p.253

解答　D.

解説

　Azure Government は米国の連邦政府機関、州政府機関、地方政府機関、国防総省、国家安全保障向けに提供されるリージョンです。なお、IPA とは独立行政法人情報処理推進機構の名称です。

→「6-3 Azure のプライバシーとコンプライアンス機能」参照

問題14.

→問題　p.253

解答　B.

解説

　Microsoft Azure に関連付けられた Azure AD は、無償版として継続して利用することができるため、**期限切れに伴う操作は不要**です。また、Azure では期限後もポータルサイトへのアクセスが可能です。ただし、仮想マシンを起動するなどのリソースに対する操作や新しいリソースを作成することはできません。

　ちなみに無料試用版の有効期限は**12か月間**で、12か月経過するか、もしくは無料試用版で用意された利用枠（金額）を使い切ると、有償版のライセンスに切り替えない限り、それ以上 Azure のリソースを利用することができなくなります。

→「7-1 コストの計画と管理」参照

問題15.

→問題　p.254

解答　C.

解説

　自社での運用を取りやめることとデータセンターの廃止をするため、すべてのIT システムをすべて移行することを考えているので、**パブリッククラウド**が適切と考えられます。

　プライベートクラウドでは、自社内での運用が必要となるため、データセンターの廃止はできません。

　ハイブリッドクラウドは、プライベートクラウドとパブリッククラウドを組み

合わせてよい部分を活かすモデルであるため、今回のケースでは適切ではありません。一般的にセキュリティやコンプライアンスを自社のものに可能な範囲適合させるために利用します。

マルチクラウドは、配置モデルではなく複数のクラウド事業者のサービスを組み合わせて利用することを指します。

→「2-3 クラウド環境の種類」参照

問題16.
➡問題　p.254

解答　B.

解説

大量のWebアクセスがあり、そのことが不正アクセスである場合、そのアクセスはDoSまたはDDoS攻撃に当たります。そのため、この問題を解決するために利用すべきリソースは**Azure DDoS Protection**です。

→「5-2 Azureのネットワークセキュリティ機能」参照

問題17.
➡問題　p.254

解答　A.

解説

可能です。AzureはMicrosoftアカウントもしくは組織のアカウント（Azure AD ユーザー）で利用することが可能です。

→「3-1 Azureアーキテクチャコンポーネント」参照

問題18.
➡問題　p.255

解答　A.

解説

可用性ゾーンを複数選択することで、リージョン内の異なるゾーンに別々に仮想マシンを配置することができます。これにより特定のデータセンターにおける障害に関わりなく、引き続き仮想マシンを利用できます。

なお、特定のデータセンターの障害に関わりなく仮想マシンを利用できるよう

にする場合、最低で2台の仮想マシンと2つの可用性ゾーンがあれば構成可能です。

　　→「3-1 Azure アーキテクチャコンポーネント」、「7-2 サービスレベル契約」参照

問題19.　　　　　　　　　　　　　　　　　　　　　➡問題　p.255

解答　　D.

解説

　パブリッククラウドは、広く公開されて利用されるクラウドです。多くの事業者がサービスを提供しており、実際のITシステムは利用者によって共有されて利用します。また、契約をすることで誰でも利用可能となります。

　プライベートクラウドは、名前の通り組織独自のクラウドです。比較的規模の大きい組織が自組織内に対してパブリッククラウドと同様のサービスを自組織にのみ提供します。

　ハイブリッドクラウドは、パブリッククラウドとプライベートクラウドなどの異なる配置モデルを組み合わせて利用する実装モデルです。

　コミュティクラウドは、同業種間で利用できる基幹業務などをクラウド化したシステムを提供するクラウドです。

　　　　　　　　　　　　　　　　　　　　　　→「2-3 クラウド環境の種類」参照

問題20.　　　　　　　　　　　　　　　　　　　　　➡問題　p.256

解答　　D.

解説

　サポートリクエストは、マイクロソフトのサポートエンジニアとの対話を通じて問題解決を図るためのサービスです。Azureではそれぞれのサービスに対して作成可能なリソースの数に上限を設けており、その上限を超えて利用する必要がある場合は、サポートリクエストを通じて上限の引き上げ設定を行う必要があります。

　選択肢A.の**Azure Policy**は、リソース内の特定の設定に対する制御を行い、一貫性のあるコンプライアンスを保つためのサービスです。

　選択肢B.の**リソースロック**は、すでに作成されたリソースに対して読み取り

専用や削除禁止などの制限を設けることで、誤った操作を防ぐためのサービスです。

選択肢 C. の RBAC は、Azure のサービスアクセスのためのアクセス権設定であり、実行可能なアクションなどを定義します。

→「6-2 Azure のガバナンス機能」参照

問題21.

➡問題　p.256

解答　　A.、B.、C.

解説

Azure において、PaaS 環境で利用できるデータベースで代表的なものは以下のものです。

・Azure SQL Database
・Azure SQL Managed Instance
・Azure SQL Database for MySQL
・Azure SQL Database for Postgres
・Azure Cosmos DB

Azure Cosmos DB は、リレーショナルデータベースではなく、分散型マルチモデルデータベースで NoSQL 型のデータベースです。

仮想マシン上のデータベースももちろん利用できますが、この場合は IaaS 環境となるため今回の環境には適しません。

→「3-2 Azure で有効なコアプロダクト」参照

問題22.

➡問題　p.256

解答　　A.

解説

サポートリクエストは、Developer、Standard、Professional Direct、Premier のいずれかのサポートプランで利用でき、Developer 以外のプランではメールまたは電話による24時間のサポート対応が受けられます。これらの3つのサポートプランのうち、最も低コストでサポートリクエストが利用できるプランが Standard です。

なお、新しいサポートリクエストは、Azureポータルサイトから作成し、サポート利用開始できます。

→「7-2 サービスレベル契約」参照

問題23.

➡問題　p.257

解答　A.、B.、C.

解説

Azure CLIやAzure PowerShellなどのコマンドラインツールは、Windows以外のOSでも利用可能です。LinuxやMacOSでも利用することが可能で、**事前にインストール**することでさまざまなOS上で利用することが可能です。

また、Cloud ShellはAzure Portalから利用できるため、実質的にはAzure PortalにアクセスできるWebブラウザからであれば、コマンドラインツールが利用可能であるといえます。

> **参考**
> https://docs.microsoft.com/ja-jp/azure/developer/azure-cli
> /choose-the-right-azure-command-line-tool

→「4-2 Azureの管理ツール」参照

問題24.

➡問題　p.257

解答　C.

解説

Azure Security Centerはオンプレミス、クラウドを問わず、コンピューター（仮想マシン）のスキャンを行い、セキュリティ上の問題点を推奨事項として指摘するサービスです。なお、**Azureサービス正常性**はAzureが提供するサービスの問題を通知するサービスで、データセンターで発生したインシデントやこれから計画しているメンテナンス作業などを把握することができ、またサービス正常性の通知内容に合わせてアラートを出力し、メールで管理者に通知するなどの処理の自動化を行うことができます。

また、選択肢D.の**総保有コスト計算ツール**とは、オンプレミスのサーバーの

維持管理にかかるコストを計算し、Azureにサーバーを移行することによるコスト上のメリットを把握するためのツールであり、セキュリティの問題点を把握するためのツールではありません。

→「5-1 Azureのセキュリティ機能」参照

問題25.   →問題　p.258

解答　C.

解説

　仮想マシンを利用する場合のSLAによる稼働率の保証は、利用する可用性のオプションによって異なります。

　可用性ゾーンで提供できる稼働率は **99.99%** です。仮想マシンのインスタンス（台数）が2つ以上あり、2つ以上の可用性ゾーンにまたがって配置された場合にこのSLAが保証されます。

　可用性セットを構成して、2つ以上の更新ドメインと2つ以上の障害ドメインを構成して、2つ以上のインスタンスを構成することで、99.95%の稼働率を保証できます。

→「3-1 Azureアーキテクチャコンポーネント」参照

問題26.   →問題　p.258

解答　A、B、D.

解説

　仮想マシンはサーバーを作成するため、サーバーレスではありません。**Functions**は小規模なプログラムを配置するサービスです（4-1節参照）。**App Service**はWebアプリケーションを配置できるPaaSであるため、サーバーレスと呼ぶことができます（3-2節参照）。**Azure Kubernetes Services**は、アプリケーションを必要に応じて分散配置などができるサーバーレス環境です（3-2節参照）。

→「2-4 クラウドで提供されるサービス」、「3-2 Azureで有効なプロダクト」、
「4-1 Azureで使えるソリューション」参照

問題27. ➡問題 p.258

[解答] B.

[解説]

Azure仮想マシンの管理を行うための権限は、**Azureロール**を通じて設定します。**Azure ADロール**は、Azure ADの管理を行うための権限管理に利用します。なお、ロールで割り当てられる権限を永続的に利用するのではなく、特定の日時のみ利用できるような制限を行う場合、**Azure AD Privileged Identity Management**を利用します。

→「6-1 コアAzure Identityサービス」参照

問題28. ➡問題 p.259

[解答] A.

[解説]

Azure Security Centerによる無償ライセンスでは、Azureリソースだけが監視の対象であり、AWS、GCP、オンプレミスのサーバーの監視に関しては**Azure Defender**ライセンスが必要です。

→「5-1 Azureのセキュリティ機能」参照

問題29. ➡問題 p.259

[解答] A.

[解説]

安定した回線であり、他のMicrosoftサービスとの連携を考える場合は、**Azure ExpressRoute**が適切です。通信速度も高速なものが選択できることで、安定した回線かつ高速で組織内とAzure環境を接続可能となります。

Azure VPN Gatewayでの接続も可能ですが、通常のVPNソリューションとなるため、安定性の確保が組織のデバイスや、インターネット回線に依存するため安定性がExpressRouteに比べると劣ります。また、Microsoftの他のサービスとの連携はありません。

VNetピアリングは、Azure上の仮想ネットワーク同士を接続するオプションで

す。また、Azure Bastion は、仮想マシンへアクセスするときのアクセス手法の1つです。

→「3-2 Azure で有効なコアプロダクト」参照

問題30.

➡問題 p.260

解答 C.

解説

SaaS は、すべてのITシステムをクラウド事業者が提供し、利用は機能のみを利用するクラウドサービスです。したがって、ハードウェアやソフトウェアの構成はすべてクラウド事業者が設定、構成します。OSやミドルウェア、アプリケーションのセキュリティ更新もすべてクラウド事業者が行います。

ただし、既存システムから移行する場合や組織のデータを利用する場合は、そのデータ自体は利用者が利用前に自身で移行する必要があります。

また、クラウド利用に伴って必要となる初期設定も、利用者が行う必要がある場合もあります。たとえば、メールアドレスのドメイン名を自社独自のものにするための、ドメイン名の登録などが考えられます。

→「2-4 クラウドで提供されるサービス」参照

問題31.

➡問題 p.260

解答 B.

解説

スポットライセンスは、SLA を保証しないライセンスで、検証等の目的で利用することを想定したライセンスです。スポットライセンスを利用したとしても仮想マシンは作成することで、ストレージに対するコストやパブリックIPアドレスに対するコストなどが、仮想マシン起動の有無に関わりなく、継続して発生します。

→「7-1 コストの計画と管理」参照

問題32.　　　　　　　　　　　　　　　　　　　　→問題　p.260

|解答|　C.
|解説|

　Cloud Shell は、Azure Portal 上から利用できるコマンドラインツールです。事前のアプリケーションのインストールは不要ですぐに利用が可能です。Web ブラウザが利用できればどのような環境でも使用が可能となります。

　Azure PowerShell と Azure CLI は、コマンドラインツールですが、事前のインストールが必須となるため、今回の環境には適しません。

　Bash は、Cloud Shell 環境で利用できますが、Linux などの OS から Bash を利用して直接はアクセスができないため、今回の環境には適しません。

→「4-2 Azure の管理ツール」参照

問題33.　　　　　　　　　　　　　　　　　　　　→問題　p.261

|解答|　B.
|解説|

　Azure 上で扱うパスワードや証明書などの情報を暗号化し、特定のサービスからのみアクセスできるように構成する場合、Azure Key Vault を使います。Azure AD Connect は、オンプレミスの Active Directory に保存された資格情報（ユーザー名／パスワード）を Azure AD に同期するためのサービスであり、資格情報の利用を制限するためのサービスではありません。

→「5-1 Azure のセキュリティ機能」参照

問題34.　　　　　　　　　　　　　　　　　　　　→問題　p.261

|解答|　D.
|解説|

　同じリソースグループに含めることで Azure の管理作業をユーザーに委任することが可能です（選択肢 D.）。

　管理グループは、サブスクリプションをまとめるために利用するので、ここでは関係がありません（選択肢 A.）。

リソースグループに含まれるリソースはどのリージョンに配置されていても問題はないため、同一のリージョンでも異なるリージョンでも関係はありません(選択肢B.、C.)。ただし、仮想マシンが配置される仮想ネットワークは同一のリージョンにあるリソースに限られます。

→「3-1 Azureアーキテクチャコンポーネント」参照

問題35.　　　　　　　　　　　　　　　　　➡問題　p.262

解答　B.

解説

予約を利用したAzureリソースの購入は、1年もしくは3年分の利用の予約し、毎月決められたコストを支払う契約方法です。この場合、従量課金での利用に比べて高い割引率でAzureリソースを利用できるメリットがあります。

スポットも高い割引率でAzureリソースが利用できるメリットがありますが、利用可能なリソースはAzure仮想マシンに限られます。

→「7-1 コストの計画と管理」参照

問題36.　　　　　　　　　　　　　　　　　➡問題　p.262

解答　A.

解説

Azure AD参加は、Azure ADによるWindows 10デバイスの管理方法の一種でWindowsサインインのタイミングで、Azure ADのID(ユーザー名/パスワード)を使ったサインインができます。

選択肢B.の動的グループとは、Azure ADに作成することができるグループの一種で、特定のユーザーの属性に基づいて動的にグループのメンバーを入れ替えるグループです。

→「6-1 コアAzure Identityサービス」参照

問題37. ➡問題 p.262

|解答| C.

|解説|

　ハードウェア障害やアプリケーションの障害時でもシステム全体としての機能を継続するために重要なのは、**高可用性**を考慮することです。AzureはほとんどのサービスにSLAが設けられており、どの程度の稼働率で利用できるかを確認できます。また、可用性を高めるためのオプションが用意されています。

　スケーラビリティや**弾力性**は、パフォーマンスの調整や負荷に応じたコンピューティングリソースのデプロイなどに関係するため、今回の目的に適切ではありません。

　ディザスターリカバリーは、単純な障害の対応というよりは、リージョン全体がダウンしてしまうような災害に対応することが主な目的となります。

→「2-2 クラウドを使うメリット」参照

問題38. ➡問題 p.263

|解答| B.

|解説|

　Microsoft Azureの通信に対して発生する**コストは、ダウンロードに対して発生**します。Azureに対するアップロードの通信に対して課金は発生しません。なお、リージョン内の通信の場合、可用性ゾーン間の通信に対して2022年7月1日以降、課金が発生する予定です。

→「7-1 コストの計画と管理」参照

問題39. ➡問題 p.263

|解答| A.

|解説|

　ARMテンプレートを利用すると、Azureのリソースをデプロイするための情報を、宣言型の記述形式でデータとして保存が可能となります。同じ環境の再作成や基準となるサーバー構成などの雛型を作成可能です。

Azure CLIやAzure PowerShellを用いてスクリプトを作成することで雛型を作ることは可能ですが、スクリプトの作成や保守性においてARMテンプレートの方が適切です。Azure PortalはGUIを使った管理ツールであるため、雛型ではなく、個別のリソースや初回のリソース作成に向いています。

→「4-2 Azureの管理ツール」参照

問題40. ➡問題 p.264

解答 B.

解説

リソースロックが設定されたリソースは、割り当てられたロールに関わりなく制限が設定されます。そのため、リソースロックで制限された設定を行いたい場合、ロックを削除することが唯一の選択肢です。

→「6-2 Azure のガバナンス機能」参照

問題41. ➡問題 p.264

解答 A.

解説

Azureリソースにタグを設定すると、タグを条件にしたフィルターを設定できます。これにより、仮想マシンの一覧で特定の部署で使用する仮想マシンだけを表示させたり、課金の画面で特定の部署で使用した仮想マシンの状況だけを表示させたりすることができます。

→「6-2 Azure のガバナンス機能」参照

さくいん

■著者紹介

神谷　正（かみや　まさし）

マイクロソフト認定トレーナー (MCT)
2005 年から MCT としてトレーナ業に従事。Microsoft Server 系の教育などを提供し、近年
は Azure やセキュリティ系の教材開発・コース提供などを手掛ける。
2010 年には MCT 年間アワードを受賞した。
基盤系技術以外に、.Net などの開発コンテンツ作成やコース提供も行い幅広い知識に基づいて
ICT 技術の教育を提供している。
第 1 章〜第 4 章、模擬問題を執筆。

国井　傑（くにい　すぐる）

Microsoft MVP for Enterprise Mobility
マイクロソフト認定トレーナー (MCT)
インターネットサービスプロバイダーでの業務経験を経て、1997 年よりマイクロソフト認定ト
レーナーとしてインフラ基盤に関わるトレーニング全般を担当。
2007 年からは株式会社ソフィアネットワークに所属。
近年では、Azure Active Directory や Microsoft Intune などの ID 基盤と ID 基盤をベースに
した Microsoft 365 のソリューションに特化したトレーニングに従事し、それぞれの企業ごと
に必要なスキルを伸ばすワークショップを提供したり、セキュリティの強化などに関するコンサ
ルティングサービスを提供したりしている。
第 5 章〜第 7 章、模擬問題を執筆。

●装丁　　　　　　　菊池　祐（株式会社ライラック）
●本文デザイン・DTP　株式会社ウイリング
●図版　　　　　　　株式会社ウイリング
●編集　　　　　　　遠藤　利幸

■ **お問い合わせについて**

・ご質問前に p.2「ご購入・ご利用の前に必ずお読みください」に記載されている事項をご確認ください。

・ご質問は本書に記載されている内容に関するものに限定させていただきます。本書の内容と関係のない
　ご質問には一切お答えできませんので、あらかじめご了承ください。

・電話でのご質問は一切受け付けておりませんので、FAX または書面にて下記までお送りください。また、
　ご質問の際には書名と該当ページ、返信先を明記してくださいますようお願いいたします。

・お送り頂いたご質問には、できる限り迅速にお答えできるよう努力いたしておりますが、お答えするま
　でに時間がかかる場合がございます。また、回答の期日をご指定いただいた場合でも、ご希望にお応え
　できるとは限りませんので、あらかじめご了承ください。

・ご質問の際に記載された個人情報は、ご質問への回答以外の目的には使用しません。また、回答後は速
　やかに破棄いたします。

■ **問い合わせ先**

〒 162-0846
東京都新宿区市谷左内町 21-13
株式会社技術評論社　書籍編集部
「最短突破　Microsoft Azure Fundamentals ［AZ-900］合格教本」係
FAX：03-3513-6183
技術評論社ホームページ
https://gihyo.jp/book/

さいたんとっぱ
最短突破

マイクロソフト アジュール ファンダメンタルズ エイゼット ごうかくきょうほん
Microsoft Azure Fundamentals ［AZ-900］合格教本

2021 年 11 月 13 日　初版　第 1 刷発行

著者　　　　　　神谷　正、国井　傑
発行者　　　　　片岡　巌
発行所　　　　　株式会社技術評論社
　　　　　　　　東京都新宿区市谷左内町 21-13
　　　　　　　　電話　　03-3513-6150　販売促進部
　　　　　　　　　　　　03-3513-6166　書籍編集部
印刷／製本　　　日経印刷株式会社

定価はカバーに表示してあります。

ISBN 978-4-297-12321-5　C3055
Printed in Japan